本成果受到中国人民大学2019年度“中央高校建设世界一流大学（学科）和特色发展引导专项资金”支持。

人大哲学文丛

第二辑

New Ideas on Philosophy of Logics

逻辑哲学新论

杨武金 / 著

中国社会科学出版社

图书在版编目(CIP)数据

逻辑哲学新论 / 杨武金著. —北京 : 中国社会科学出版社, 2021. 8 (2022. 8 重印)
(人大哲学文丛)
ISBN 978 - 7 - 5203 - 8271 - 7

Ⅰ. ①逻… Ⅱ. ①杨… Ⅲ. ①逻辑哲学
Ⅳ. ①B81 - 05

中国版本图书馆 CIP 数据核字(2021)第 066862 号

出 版 人 赵剑英
责任编辑 朱华彬
责任校对 张爱华
责任印制 张雪娇

出 版 中国社会科学出版社
社 址 北京鼓楼西大街甲 158 号
邮 编 100720
网 址 http://www.csspw.cn
发 行 部 010 - 84083685
门 市 部 010 - 84029450
经 销 新华书店及其他书店

印刷装订 北京君升印刷有限公司
版 次 2021 年 8 月第 1 版
印 次 2022 年 8 月第 2 次印刷

开 本 650 × 960 1/16
印 张 16. 25
插 页 2
字 数 256 千字
定 价 89. 00 元

凡购买中国社会科学出版社图书,如有质量问题请与本社营销中心联系调换
电话:010 - 84083683
版权所有 侵权必究

中国人民大学哲学文丛编委会

编委会主任： 郝立新

编委会顾问： 陈先达　张立文　刘大椿　郭　湛

编委会成员（以姓氏笔画为序）：

马俊峰　王宇洁　王伯鲁　牛宏宝

刘晓力　刘敬鲁　李秋零　李　萍

张文喜　张风雷　张志伟　罗安宪

段忠桥　姚新中　徐　飞　曹　刚

曹　峰　焦国成　雷思温　臧峰宇

总　　序

中国人民大学哲学院创办于1956年，它的前身可追溯至1937年创建的陕北公学的哲学教育。1950年中国人民大学命名组建了马列主义基础教研室哲学组，被誉为新中国哲学教育的“工作母机”。中国人民大学哲学院是国内哲学院系中规模最大、学科配备齐全、人才培养体系完善的哲学院系，是国家文科基础学科（哲学）人才培养和科学研究的重要基地，也是中国人民大学“双一流”建设的重点单位。人大哲学院为新中国哲学发展和哲学思想研究的进步做出了不可磨灭的贡献，始终站在哲学发展的前沿。

人大哲学院拥有年龄梯队完整、学科齐全、实力出众的学术共同体。在人大哲学院的发展历程中，一代代学者兢兢业业，勤勉求实，贡献了一大批精品学术著作等科研成果，他们不但在学术界赢得了极高的声誉，同时也获得了积极的社会反响，成绩有目共睹。

近年来，随着哲学院人才队伍的充实完善与学科建设水平的逐步提升，优秀的学术新著不断涌现，并期待着与学界和读者见面。为展现人大哲学院近年来在各个专业方向中取得的丰硕成果，哲学院策划了这套《中国人民大学哲学文丛》（简称《文丛》），借助中国社会科学出版社这一优秀的学术出版平台，以丛书的形式陆续出版这些优秀的学术新著。

《文丛》所收录的著作都经过了严格的学术审查和遴选，作者来自哲学院的各个研究方向，以中青年学者为主。他们既有各相关领域颇具影响力的专家和学者，同时也有正在崭露头角的学界新秀。这些著作集中反映了人大哲学院的研究传统、学术实力和前沿进展。

哲学作为一门重要的人文基础学科，不但对人类永恒的经典思想问题进行着深入研究，同时也一直积极而热烈地回应着国家发展与时代变迁所提出的新问题、新挑战。当前，中国社会的发展日新月异，这为中国学术思想的推进既提供了难得的机遇，也提出了诸多新的理论问题。而与国际学术界交流与合作的日趋深入，则为中国学术的发展与进步贡献了有益的参照和经验。人大哲学院不但始终坚持对经典哲学著作和哲学问题的持续研究和推进，而且积极展开与国际学术界的对话与合作，与此同时还保持着对中国社会现实的关注和思考。因此，我们一方面需要坚守已有的研究传统，同时还要对新的思想问题和社会形势贡献自己的回答。有鉴于此，《文丛》所收录的作品既有传统的哲学史研究，以及对经典著作的整理与诠释，同时也有结合当前中国社会状况而进行的理论研究与前沿探索。相信《文丛》的出版不但能够全面展现人大哲学院的最新学术研究成果，同时也有助于推进中国哲学研究的发展与进步。

《文丛》的出版受到中国人民大学中央高校建设世界一流大学（学科）和特色发展引导专项资金支持，在此深表感谢。

《中国人民大学哲学文丛》编委会

2019 年 3 月 1 日

目　录

绪 论

逻辑哲学是研究什么的？这个问题几十年来在学术界一直存在着争论。其原因主要是人们有时也将哲学逻辑（philosophic logic）说成是逻辑哲学（philosophy of logic）。其实，哲学逻辑是人们运用经典逻辑的工具和手段去分析、处理传统哲学问题、哲学范畴概念所取得的众多研究成果，既包括各种应用逻辑，如模态逻辑、道义逻辑、时态逻辑、认知逻辑等，也包括多值逻辑、模糊逻辑、直觉主义逻辑、弗协调逻辑等各种非经典逻辑。[①] 逻辑哲学则是关于逻辑的哲学理论，就像科学哲学是关于科学的哲学理论，数学哲学是关于数学的哲学理论那样。在这个问题上，我基本同意苏珊·哈克（Haack, S.）的观点。她说：

> 逻辑哲学的任务，就是研究逻辑中提出的哲学问题——如同科学哲学的任务是研究科学中提出来的哲学问题，数理哲学的任务是研究数学中提出来的哲学问题一样。[②]

逻辑哲学是关于逻辑研究中提出来的各种需要解决的问题的思考。正如瑞士伯尔尼大学的戴尔·杰凯特（Jacquette, D.）所说：

---

① 参见赵总宽、陈慕泽、杨武金编著《现代逻辑方法论》，中国人民大学出版社 1998 年版，第 210—213 页。

② ［英］苏珊·哈克：《逻辑哲学》，罗毅译，张家龙校，商务印书馆 2003 年版，第 8 页。

> 一个不可辩驳的事实是，在逻辑哲学中，有诸多尚待解决的问题。否则，它们就不会被称为“问题”了。[①]

逻辑哲学首先是关于逻辑本质的哲学思考，也就是对逻辑的反思。就像政治哲学是关于政治应该是什么的思考一样，逻辑哲学也应该是关于逻辑应该是什么的思索。

> 当前逻辑哲学研究中，有一个至关重要且亟须解决的问题，即逻辑的本质、范围与界限是什么。[②]

逻辑的本质是当前逻辑哲学研究中首先需要面对的问题。在我看来，要回答这个问题，首先需要根据逻辑在历史上和现实中从根本上所呈现出来的基本情况，来考察一个具体的思想形态是不是逻辑，而这在根本上属于逻辑的合法性问题。而对历史上和现实中关于逻辑的基本说法表现出不满，从而对逻辑提出新的界定，这是逻辑的合理性问题。[③] 本研究主要考察逻辑的合法性问题，同时思考逻辑的合理性问题。

逻辑哲学在研究范围上主要应该包括以下基本问题：

逻辑是研究什么的，即逻辑的研究对象是什么。关于逻辑或逻辑学的研究对象是什么，学术界意见纷呈。本研究认为，逻辑从根本上是一门关于推理的学问，这构成了本书的第一章。

那么，接下来的问题就是，什么是推理，逻辑是如何来研究推理的，逻辑应该研究推理中的什么问题。那么，推理有哪些不同类型？通常认为，推理包括演绎推理、归纳推理和类比

---

① 《逻辑哲学亟待廓清逻辑的本质》，《中国社会科学报》2014 年 3 月 26 日第 3 版。

② 《逻辑哲学亟待廓清逻辑的本质》，《中国社会科学报》2014 年 3 月 26 日第 3 版。

③ 参见杨武金《再论墨家逻辑的合法性问题》，《职大学报》2008 年第 1 期。

推理。从根本上看，类比推理可以看成归纳推理。那么，演绎和归纳的根本区别是什么？逻辑应该怎样来研究演绎和归纳？演绎推理是具有必然性的推理，或者演绎推理是具有有效性或者保真性的推理。归纳推理则是具有或然性或者概然性或者合理性的推理，或者归纳推理不具有保真性，但是归纳推理具有一定的证据支持度或可信度，传统上人们也把归纳推理的这种证据支持度或可信度说成是有效性。这就是本书的第二章和第三章所要考察的问题。

逻辑是关于推理的学问，但无论其中的演绎推理还是归纳推理，都以真假性概念为建构和评价的前提条件。演绎推理所追求的有效是一种保真，即从真的前提出发不允许得出假的结论，否则就属于无效的推理。归纳推理所追求的证据支持度或可信度是一种一般性，是说在前提为真的情况下，结论不太可能为假。因此，无论演绎推理还是归纳推理都离不开“真”，对推理的研究必须深入对命题或陈述的真或者假的性质进行研究。按照斯特劳森（Strawson，P. F.）的观点，真的问题有两个方面不太清楚，一方面，什么是真的问题，是语句真、命题真还是陈述真？另一方面，真是什么的问题，对此的回答不同，出现了真的对应论、实用论、融贯论、冗余论和规范论等。这就构成了本书的第四章。

命题的真假属于语义学或者意义理论的问题。通过各种判定方法，可以确定命题有真有假，但是总有些命题不能或者难以确定其真假，这就是悖论性命题或者不可判定命题。什么是悖论？有哪些不同类型的悖论？悖论的实质和根源是什么？合理解决悖论的基本标准是什么？解决悖论有哪些不同的方案？相关内容构成本书的第五章。

命题有各种不同的类型，但从根本上可以分为实然命题（非模态命题）和非实然命题（模态命题）。实然命题具有真值函项性，即只要变项的值确定之后，整个命题的值即可确定，但模态命题则不具有真值函项性，即使变项的值确定了，也不可因此确定整个命题的真值，模态命题的真值需要考虑模态词即模态概念的含义来加以确定，这就是可能世界语义学的问题或者模态问题。这构成了本书的第六章。

直言命题的真假确定，牵涉命题主项或者主词的存在与否问题。如果一个直言命题的主词不存在，则这个命题就会变得没有意义，从而也就谈不上真假。那么，直言命题主项的存在性意味着什么？直言命题的主词所指称的是所断定的事物对象，这个事物对象的存在性也就是本体问题，即有什么的问题。关于存在性问题，历史上有唯名论和实在论的长期的激烈争论。那么，“存在”或“有”究竟是什么？究竟是什么东西存在？这构成了本书的第七章。

直言命题中作为指称事物对象的主词，可以是通名，也可以是专名或摹状词。那么作为名称来说，它之所以能够指称事物对象，靠的是什么呢？靠的是这个名称所表达的含义，还是这个名称的历史因果联系呢？因此形成了近代以来的名称的摹状词理论和历史因果理论的争论。这构成了本书的第八章。

直言命题中作为指称事物对象的主词，可以是通名，即类名，但也可以是集合名。那么，究竟什么是集合名或者集合概念？集合名或集合概念与现代数理逻辑和现代哲学中所说的集合是不是一回事情呢？集合名对于确定一个命题的真和确定一个推理或者论证的正确性有什么特殊情况需要考虑呢？等等。围绕这些问题的讨论，构成了本书的第九章。

总之，本书所包括的基本内容在结构上具有如下框架：

<table>
<tr><td rowspan="5">逻辑学研究推理</td><td rowspan="2">演绎推理</td><td rowspan="5">逻辑研究真</td><td>悖论问题</td></tr>
<tr><td>模态问题</td></tr>
<tr><td rowspan="3">归纳推理</td><td>存在问题</td></tr>
<tr><td>名称理论</td></tr>
<tr><td>集合概念问题</td></tr>
</table>

根据上述框架，首先，逻辑是一门关于推理的学问。然后，推理可以分为演绎推理和归纳推理，一分为二。因此，逻辑包含对演绎推理和归纳推理的研究。其次，逻辑是一门研究真的学问。逻辑对推理的研究最终都必须依赖于研究真，即通过研究真来研究推理。但是要具体确定各种不同命题的真假，就会产生出各种哲学问题来，如悖论问题、模态问题、存在问题、名称理论和集合概念问题，等等。总之，逻辑是关于推理的研究和关于真的研究的统一。

在叙述方法上，本书将上述框架中的每一个主题作为思考对象，结合学术界存在的基本学术观点或学术态度，通过梳理、分析和辨别这些观点或者学术态度，提出自己的看法，并进行论证。逻辑哲学的研究可以更好地去看待逻辑史上和当代逻辑学科发展的情况，从而更好地促进逻辑学科的发展。本研究对于把握逻辑和逻辑史，对于促进逻辑史的研究和逻辑学科的发展都具有重要价值。

第一章　逻辑研究的对象

逻辑学是研究什么的，逻辑学的研究对象是什么，迄今人们还存在着不同甚至根本对立的看法。第一派认为逻辑是研究客观世界的；第二派认为逻辑是研究语言的；第三派认为逻辑是研究思维的。就是关于逻辑是研究思维的这一派，也存在很大分歧，有些人认为逻辑是研究概念、判断、推理等思维形式的，有些人则认为逻辑是研究推理或推理形式的。当然，反对逻辑研究推理或研究思维的观点也很激烈。在我看来，虽然存在诸多分歧和争论，但整个来说还是认为逻辑是研究推理或论证的，只有推理或论证才是人们关于逻辑的一般规范或规定。美国逻辑学家皮尔士（Peirce，C. S.）曾说：

> 对逻辑的定义几乎有一百个之多。……。一般可接受的说法是，逻辑的中心问题就是区分论证，即区分哪些论证好，哪些论证不好。①

即逻辑是关于推理或者论证的科学。下面，针对关于逻辑学的研究对象的各种观点，作出具体分析与评述。

---

① Copi，I. M.，*Symbolic Logic*，New York：Macmillan Publishing Co.，Inc.，1979，p. 1.

第一节　逻辑研究思维形式

关于逻辑学的研究对象，通常听到的非常普遍的说法，就是认为逻辑是研究思维形式的。中国人民大学哲学系逻辑教研室编、中国人民大学出版社 2008 年出版的《逻辑学》认为，逻辑学是研究思维的形式结构及其规律的科学[①]；金岳霖主编的《形式逻辑》认为，逻辑学是一门以思维的形式及其规律为根本研究对象，同时也涉及某些简单的逻辑方法的科学[②]；上海人民出版社 1986 年出版的《普通逻辑》认为，逻辑学是关于思维的逻辑形式及其基本规律，以及一些人们认识现实事物的简单思维方法的科学。[③]

在这些观点之下，通常将思维看作具有形式或形式结构的，并试图寻找思维的形式结构，将思维形式中不变的部分看作逻辑常项，用以保证思维的逻辑内容；将思维形式中可变的部分看作变项，用以保证思维的具体内容。例如：

(1) 所有狗是动物。

(2) 所有树是植物。

在这里，句（1）和句（2）虽然在说不同的事情，但是却具有一个共同的形式："所有 S 是 P"。其中，"所有……是……"就是逻辑常项，"S""P"是变项。在这里，"S"和"P"可以用不同的词项来进行替代，所以也被称作词项变项。

而另一种形式结构如下：

(3) 如果拜登（Biden）是美国总统，那么他就不是日

---

① 参见《逻辑学》，中国人民大学出版社 2008 年版，第 1 页。

② 参见金岳霖主编《形式逻辑》，人民出版社 1979 年版，第 1 页。

③ 《普通逻辑》，上海人民出版社 1986 年版，第 7 页。

本首相。

(4) 如果吃蔬菜对身体有好处，那么吃白菜就对身体有好处。

在这里，句（3）和句（4）两句的共同形式是："如果p，那么q"。其中，"如果……那么……"是逻辑常项，"p"和"q"是变项。这里的"p"和"q"都是可以用不同命题来替代的，所以它们也被称作命题变项。

显而易见，对于思维形式的研究是需要抛开其内容来进行的，在不涉及语句和推论内容的基础上将思维形式进行形式化的抽象处理，这就预设了思维形式本身具有特殊的规律性，而这种规律性，就被看作逻辑学的对象。

但与此同时，认为逻辑是研究思维形式的这一定义，受到了来自两个方面的冲击：一方面，它无法明确地将逻辑学与心理学，特别是与高级认知心理学相区分而显得过于宽泛；另一方面，如时态逻辑和量子逻辑这些具有本体论直观背景的逻辑系统，以及基于概率的客观主义解释的统计推理理论等，它们都要讨论客体的性质，这一点无论如何也无法满足研究思维形式这一定义。① 由此看来，认为逻辑是研究思维形式的这一定义，对于如今的逻辑学发展来说，还尚不够全面。

当然，如果我们单从某种教材需要出发，给出相应的界定，似乎也是可以考虑的。比如，逻辑或许可以成为训练人的思维能力或者论证能力的重要课程。韦尔顿（Welton）说：逻辑是"关于支配有效思维的原理的科学"②。《波尔·罗亚尔逻辑》曾经把逻辑定义为"一种正确地控制人们理性在事物的认识中的技巧，既为了教导自己，也为了教导别人"③。认为，逻辑的功

---

① 参见鞠实儿《逻辑学的问题与未来》，《中国社会科学》2006年第6期。

② Welton, *Manual of Logic*, Vol. Ⅰ, London, 1896, p. 10.

③ 转引自［英］威廉·涅尔、玛莎·涅尔《逻辑学的发展》，张家龙、洪汉鼎译，商务印书馆1985年版，第407页。

能或作用，主要体现在人们实际思维的论证过程之中。

特别地，相对于目前在西方兴起的非形式逻辑或批判性思维学科来说，逻辑研究思维形式的这一定义似乎也具有非常大的合理性。就亚里士多德（Aristotle）的整个《工具论》再加上他的《形而上学》来说，他所考虑的“逻辑”似乎确实是关于思维形式和思维规律的研究。索尔姆森（Solmsen，F.）曾经指出：

> 亚里士多德首先在《论辩篇》创造了论辩的逻辑，然后在《后分析篇》创造了科学逻辑，最后在《前分析篇》创造了形式逻辑，它既适用于论辩又适用于科学。①

索尔姆森在这里所说的论辩逻辑和科学逻辑，从根本上看都应该属于今日所说的非形式逻辑或者批判性思维学科的主要内容。

第二节　逻辑研究推理论证

如前所述，逻辑学通常被认为是研究推理论证的科学。亚里士多德在《前分析篇》中，提出建立一门关于证明的科学，他说：

> 我们首先要说明我们研究的对象以及这种研究属于什么科学：它所研究的对象是证明，它归属于证明的科学。②

亚里士多德逻辑的核心内容是推理，亚里士多德把研究“三段论”的学问叫作证明。

认为逻辑研究推理或论证的观点，并不把思维形式和思维规

---

① 转引自张家龙《从现代逻辑观点看亚里士多德的逻辑理论》，中国社会科学出版社2016年版，第4页。

② 苗力田主编：《亚里士多德全集》第1卷，余纪元译，中国人民大学出版社1990年版，第83页。

律预设成为逻辑的前提，也就是说，这种观点认为："逻辑的目的是明确可以绘制推理的规则，而不是研究人们使用的实际推理过程，这些过程可能符合或不符合这些规则。"① 这一定义显得要更加宽泛，在现今逻辑学的发展状况下，有较多的推理规则和定理难以为人们的直观所理解，但是却切实地符合推理和论证的规则，诸如此类的问题，便可以通过这一定义来加以解读。

在这一定义下，逻辑是否要考察思维形式或者思维规律并不重要，重要的是保证推理和论证是否正确、是否有效。皮尔士曾经指出，从根本上来说，逻辑要研究的是推理或论证。② 逻辑学家哈利·金斯勒（Gensler, H. J.）说：

> 逻辑是关于从前提到结论的推理。……逻辑可定义为对论证的分析与评价。③

斯蒂芬·雷曼（Layman, C. S.）指出：

> 逻辑是研究评价论证的方法。……逻辑是研究评价论证的前提是否足以支持其结论的方法。④

艾宾豪斯（Ebbinghaus, H. D.）、弗罗姆（Flum, J.）和托马斯（Thomas, W.）所著的《数理逻辑》一书，认为"在数理逻辑中，推理和证明都是核心的研究对象"⑤。斯蒂芬·里德（Read, S.）指出：

---

① Blackburn, S., *Oxford Dictionary of Philosophy*, Shanghai: Shanghai Foreign Language Education Press, 2000, p. 221.

② 参见 Copi, I. M., *Symbolic Logic*, New York: Macmillan Publishing Co., Inc., 1979, p. 1。

③ Gensler, H. J., *Introduction to Logic*, Routledge, 2002, p. 1.

④ Layman, C. S., *The Power of Logic*, Mayfield Publishing Company, 1999, pp. 1 – 3.

⑤ Ebbinghaus, H. D., Flum, J. & Thomas, W., *Mathematical Logic*, Springer-Verlag New York Inc., 1984, p. 4.

逻辑的目的就是要澄清从什么得到什么，以便确定哪些是给定的前提集或假设集的有效推论。①

周礼全也指出：

（逻辑是）一门以推理为主要研究对象的科学。推理是以一个或几个命题为根据或理由以得出一个命题的思维过程。作为根据或理由的那一个或几个命题是推理的前提，由前提得出的那个命题是推理的结论。②

比如：

（1）所有的狗都是动物；
（2）所有的牧羊犬都是狗；
（3）所以，所有的牧羊犬都是动物。

这是一个典型的亚式三段论，由大前提（1）、小前提（2）和结论（3）构成，其推理论证形式是：

如果 A 可以作为一切 B 的谓项，B 可以作一切 C 的谓项，那么，A 必定可以作一切 C 的谓项。③

逻辑学就是研究诸如此类的推理论证，来保证推理和论证的正确性的一种科学。

---

① Read, S., *Thinking about Logic: An Introduction to the Philosophy of Logic*, Oxford University Press, 1995, p. 35.

② 《中国大百科全书（哲学）》，中国大百科全书出版社 1985 年版，第 534 页。

③ 苗力田主编：《亚里士多德全集》第 1 卷，余纪元译，中国人民大学出版社 1990 年版，第 89 页。

第三节 逻辑研究有效推理形式

逻辑研究有效推理的形式或结构，这一定义一般来说可以看作对于前述逻辑研究推理论证的定义的进一步深化。卡恩（Kahane, H.）说：

> 逻辑首先研究论证形式；其次，所有具有有效论证形式的论证都有效，别的论证都无效。[①]

关于逻辑研究有效推理形式这一定义，逻辑除了研究推理论证以外，还要研究另外的一样抽象事物，即“真”的问题，这一问题一般就被称作有效性问题，所以，我们可以进一步地认为，逻辑研究的对象是推理形式的有效性。[②] 而有效性的基础就在于“真”这一概念之上，而有效性即一个推理从前提到结论能够必然地得出的关系。只有在基于有效性的基础上，我们才能够将逻辑学与诸如理论数学、蒙太古（Montague）理论那样的形式化理论从本质上区分开来，因为前者明确地把有效性作为一个核心来研究，而后者并非如此。[③]

有效性的加入不仅将逻辑学与理论数学等形式化理论区分开了，还进一步解决了两个对于逻辑学的误解，一个误解是仅研究推理形式的人，认为逻辑只涉及推理形式不涉及推理的内容。然而在基于“真”概念的有效性定义加入以后，我们显然可以发现，仅研究推理和论证形式而不涉及内容的研究毫无意义，因为仅仅只研究推理形式是无法保证推理结论真的，其只不过是一个空虚的外壳而已，不具有逻辑研究的价值。另一个误解在于，逻辑学既然研究推理，那么必然需要研究推理的内容，所以只要是

---

① Kahane, *Logic & Philosophy* , Wadsworth Inc. , 1990, p. 9.

② 参见张清宇主编《逻辑哲学九章》，江苏人民出版社 2004 年版，第 38 页。

③ 参见张清宇主编《逻辑哲学九章》，江苏人民出版社 2004 年版，第 38 页。

推理的内容（不论是否与“真”有关），那么都是逻辑需要研究的内容。显而易见，这后一个误解未能明确地认识到，逻辑所需要研究的内容是基于“真”概念的有效推理形式。逻辑是研究有效推理形式的这一定义，在以“真”概念的基础之上，将纯粹的推理形式与作为过渡的推理内容解读相统合，具有较强的解释力。

不过，逻辑学研究有效推理形式这一定义，具有一定的抽象性，对于不是专业从事逻辑工作的人来说，确实难于理解。因此，与之比较起来，逻辑研究推理论证显得更容易为通常的读者所掌握。

第四节　逻辑与客观世界

逻辑学研究的对象应该是客观世界，这一观点最早可以追溯到古希腊的斯多葛学派（Stoics）。他们提出了以 Lekton 为核心的逻辑思想，Lekton 一词并没有一个十分具体的概念来对其进行解释。马玉珂主编、中国人民大学出版社 1985 年出版的《西方逻辑史》认为，Lekton 主要表达的是命题或者其组成部分。其实，西方逻辑史家并没有完全统一的意见。美国逻辑学家梅斯（Mayes）将其翻译为“所意谓者”，波亨斯基（Bochenski）将其译为“所表达的东西”。[①] 我们总结一下不同的观点，大概可以看出，Lekton 应该是一个与现实相关联但又不具备实体性的存在，它来源于我们理性的思想，而这种思想大体来说其本质来源于客观世界，具有被我们的思维和理性所赋予的意义。所以，笔者认为，斯多葛学派的逻辑思想研究，可以看作对客观世界中所存在的意义和理性的一种探索，相应地，斯多葛学派对于 Lekton 的研究，正是将逻辑定义为一种研究客观世界的意义在思维中的反映的学问。

---

① 参见马玉珂主编《西方逻辑史》，中国人民大学出版社 1985 年版，第 109—111 页。

维特根斯坦（Wittgenstein）说：

> 逻辑不是理论而是世界的反映。[①]

逻辑所反映的是事实或者事态。卢卡西维茨（Lukasiewicz）曾指出：

> 认为逻辑是关于思想规律的科学是不对的。研究我们实际上如何思维或我们应当如何思维并不是逻辑学的对象，第一个任务属于心理学；第二个任务属于类似于记忆术一类的实践技巧。逻辑与思维的关系并不比数学与思维的关系多。当然，在你要进行推论或证明时，你必须思考，而在你需要接近数学问题时，同样也必须思考。但是逻辑定理并不比数学定律在更大的程度上关系到你的思想。[②]

卢卡西维茨认为，逻辑的研究对象应该是客观的现实世界中的规律。

通常，我们认为，数学是“研究现实世界的空间形式和数量关系的科学，包括算术、代数、几何、三角、微积分等。”[③] 既然数学研究的对象是“客观世界”，为何逻辑研究的对象就不是客观世界了呢？难道数学和逻辑存在着根本的区别吗？事实上，逻辑和数学应该存在着本质的区别。近代以来，有关于数学是逻辑的基础还是逻辑才是数学的基础的争论，也间接地说明了逻辑与数学在研究对象上是有区别的。

逻辑学究竟是研究思维的规律还是研究客观现实世界的规

---

① ［奥］维特根斯坦：《逻辑哲学论》，贺绍甲译，商务印书馆 1962 年版，第 88 页。

② ［波］卢卡西维茨：《亚里士多德的三段论》，李真、李先焜译，商务印书馆 1981 年版，第 22 页。

③ 《现代汉语词典》，商务印书馆 2005 年版，第 1271 页。

律，关键在于怎样看待逻辑和哲学的关系。正如卢卡西维茨所说：

> 斯多亚派主张逻辑是哲学的一部分，逍遥学派说它仅是哲学的一个工具，而柏拉图主义者的意见是逻辑既是哲学的一部分又是哲学的工具。①

主张逻辑是哲学的工具的哲学家，通常容易将逻辑界定为研究思维的科学。而主张逻辑是哲学的一部分的哲学家则容易将逻辑界定为研究客观现实世界的规律性的科学。

第五节 逻辑与语言

逻辑与语言显然是密不可分的。亚里士多德便是直接结合语言、语法来研究命题或判断的。即使是在现代逻辑中，不论将逻辑定义为研究思维形式、研究推理论证还是研究有效推理形式，都有一个决定性的问题，那就是语言的位置。显而易见，思维形式如果要转化为一种外显的研究对象，则必须要经过某种中介的转化，而这个中介就是语言。而逻辑研究推理论证和研究有效推理形式的定义理解起来更加简明，不论是推理论证还是推理形式都是基于语言形式，推理中所存在的语句、陈述、命题和判断都是以语言作为基础的，同时，即使是仅仅在思维内部进行的推理，也是依赖于语言来进行的，甚至可以说，没有语言，人类就没办法进行思维和推理，所以语言对于逻辑来说具有相当重要的作用。

随着语言哲学的出现，语言的地位逐渐提升，学者们逐渐认识到语言在逻辑中所占据着的举足轻重的地位。因此，许多哲学或者逻辑工作者都容易将逻辑界定为是研究语言的。如前所述，

---

① ［波］卢卡西维茨：《亚里士多德的三段论》，李真、李先焜译，商务印书馆1981年版，第22页。

亚里士多德是直接结合语言、语法来研究命题或判断的。维特根斯坦也是这样，他说：

> 全部哲学就是“语言批判”。罗素（Russell，B.）的功绩是他能够指出：命题的表面的逻辑形式不必定是它的真正的形式。①

全部哲学包括逻辑都是语言分析，逻辑形式通过表面的语言形式表现出来。李先焜也提道：

> 一般都认为逻辑是研究思维形式和思维规律的科学，逻辑研究的对象是人的思维。实际上，这只是一种历史的观念，而且是一种不太科学的观念。逻辑研究的直接对象应该说是语言。②

其实，莱布尼茨（Leibniz）就曾提出了试图建立一个普遍语言的构想，这个以符号作为普遍语言的思想就是现代逻辑的雏形。所以，从这个角度来看，逻辑与语言显然是密不可分的，但是如果就此认为，逻辑所研究的本身只是语言又未免过于宽泛。我们似乎可以这样来提出一个定义，逻辑是研究通过语言进行有效推理的科学。逻辑需要透过语言的分析来研究推理论证，语言是表层结构，逻辑才是深层结构，逻辑是透过表层的语言来研究深层的推理结构。

---

① ［奥］维特根斯坦：《逻辑哲学论》，贺绍甲译，商务印书馆 1962 年版，第 38 页。

② 王维贤、李先焜、陈宗明：《语言逻辑引论》，湖北教育出版社 1989 年版，第 21—22 页。

第二章　演绎及其有效性

如前所述，无论我们遵从逻辑的哪一个定义，逻辑学都离不开对于推理和论证的研究。那么，什么是推理？什么是论证？周礼全说：

> 推理是从若干命题（前提）直接得出一个命题（结论）的思维过程。[①]

推理就是从已知前提得出结论的过程。同时，逻辑所着重关注的是这种从前提得出结论的推理过程的有效性。美国投资家沃伦·巴菲特（Buffett，W.）说：

> 你的正确来自于你的事实对和你的推理对——这是唯一使你正确的原因。如果你的事实对和推理对，你没有必要担心别人的看法。[②]

巴菲特在这里，其实讲到的是论证。论证是用一个或者一些已知为真的命题去确定另外一个不同的命题的真实性的过程。论证要求从前提能够推出结论来，而且要求已知的前提为真，这也就是我们通常说的论证的充足性问题。莱布尼茨强调的充足理由

---

① 《中国大百科全书（哲学）》，中国大百科全书出版社 1985 年版，第 884 页。

② 转引自［加］董毓《批判性思维原理和方法——走向新的认知和实践》，高等教育出版社 2010 年版，第 211 页。

原则，其实就是强调论证的充足性问题，首先理由必须真实，然后从真实的理由还要能够推出结论来，当然，正确的推理还要求其前提和结论之间具有相关性。

通常，我们把推理分为演绎推理和归纳推理两种不同类型，其中演绎推理我们一般关注它的有效性，即从真实的前提出发能够保证可以得出真实的结论，也就是保真性。归纳推理我们一般关注其充足性，即已知前提对于结论的证据支持度或者整个推理得出结论的可信度。我们先来讨论演绎推理。

第一节　什么是演绎推理

什么是演绎推理呢？它有些什么特点？

演绎推理的前提和结论之间存在必然性。诸葛殷同说：

> 推理可分为演绎推理与非演绎推理。演绎推理的特点在于如果前提都真，则结论必然真。演绎推理常常称为推理，其前提与结论之间的联系反映了事物之间的必然联系。①

周礼全指出：

> 推理可分为演绎推理和归纳推理。对于一个正确的演绎推理形式，不论其中的变项代入任何非逻辑词项，如果前提都是真的，则结论也是真的。在此意义上，正确的演绎推理形式有必然性。②

演绎推理形式具有其必然性。

上述观点其实都是从亚里士多德的说法而来的。亚里士多德说：

---

① 《中国大百科全书（哲学）》，中国大百科全书出版社 1985 年版，第 884 页。

② 《中国大百科全书（哲学）》，中国大百科全书出版社 1985 年版，第 534 页。

推理是一个论证，其中，某些东西得以确定之后，一些别的东西必然由此得出。①

推理是一个论证，某些东西做出之后，一些别的东西必然通过它们而得以发生。②

推理即演绎推理就是从前提能够必然地得出结论，简称“必然地得出”。正如科匹（Copi，I. M.）所言：

习惯上论证区分为演绎和归纳。所有的论证都包含这样的主张，即它们的前提为其结论的真提供某些证据，但只有演绎论证包含这样的主张，即它们的前提提供绝对的结论性证据。③

金岳霖说：

演绎推理就是前提与结论之间有必然性联系的推理。④

他将演绎推理的前提和结论之间的这个必然性称为蕴涵关系，他说：

演绎推理是前提和结论具有蕴涵关系的推理。⑤

因此，我们基本可以这样来进行理解，演绎推理当其前提为

---

① “Prior analytics”, Edited by Barnes, J., *The Complete Works of Aristotle*, 1984, p. 40.

② “Topics”, Edited by Barnes, J., *The Complete Works of Aristotle*, 1984, p. 167.

③ Copi, I. M., *Symbolic Logic*, New York: Macmillan Publishing Co., Inc., 1979, p. 3.

④ 金岳霖主编：《形式逻辑》，人民出版社1979年版，第144页。

⑤ 金岳霖主编：《形式逻辑》，人民出版社1979年版，第144页。

真时，结论必定为真，演绎推理前提的真实性能够保证其结论的真实性，即通常说的保真性。一般来说，演绎推理可以被看作一种从普遍规律推论出包含于该普遍规律中的特殊规律的推理形式，也就是能够从一般性前提出发得出个别性或者特殊性命题作为结论的推理形式。例如：

（1）所有的阔叶植物都是落叶的；
（2）所有的葡萄树都是阔叶植物；
（3）所以，所有的葡萄树都是落叶的。

这是一个亚氏三段论，是一个经典的演绎推理。其中（1）是大前提；（2）是小前提；（3）是结论。可以发现，在上述亚氏三段论的结构中，（3）其实已经被包含于（1）和（2）之中了，即结论被包含于前提之中。也就是说，演绎推理通常是一种诠释性的推理，它不具备扩充性，因为通过演绎推理所得出的结论必然被包含于其前提之中。也就是说，演绎推理的结论的内容，少于它的前提，演绎推理是一种非扩充性的推理。①

不过，我们也应该看到，演绎推理也可以是扩充性的推理。比如，从“苏格拉底（Socrates）会死”可以必然地推出“有些人会死”；从“甲是小偷”可以必然地得出“甲或者乙是小偷”的结论。正如苏珊·哈克所说：

> 据说“演绎论证”是“诠释性的”，或者说是“非扩充性的”，即它们“在结论中所包含的东西都已经包含在前提中了”。如果打算把这当作一个论证何以演绎得有效的解释，那么或者这句话是假的，如果按字面理解“在结论中所包含的东西都已经包含在前提中了”的话，因为“A，所以A或者B”是演绎得有效的，但却没有满足这个条件；或者这句

---

① 参见［加］董毓《批判性思维原理和方法——走向新的认知和实践》，高等教育出版社2010年版，第224页。

> 话是无价值的，如果把“包含在结论中的都已经包含在前提中了”作隐喻的理解的话，因为如果“A 或者 B”不是从“A”中演绎得出的，用什么东西来检验“A 或者 B”是隐含地包含在“A”中的呢?①

因此，总的来说，演绎推理的基本特征是，当其前提为真时结论就必然为真，前提和结论之间存在一种“必然地得出”的关系，前提的真能够保证结论的真，也就是说演绎推理是一种具有保真性的推理。

第二节　有效性

有效性这个概念是根据一个论证或者推理的结论是否能够从前提中得出来，从而确定这个论证或者推理是有效的还是无效的。前提和结论自身则并没有有效或无效可言，而只有真假可言。在模型论中，一个公式被称为是有效的，仅当这个公式在所有解释下都是真的。②

一个推理是否有效、是否正确，不论对于日常生活还是对于逻辑学的研究都是一个很重要的问题。我们在日常生活中，通常用人们总体上更加赞成或者接受哪一个推理及结果是否为真来判断其是否有效，这种判断大部分仅仅局限在某个独立的推理环境中，并且容易将事实真和推理的“真”混淆起来。例如：

> (1) 如果路西 (Lucey) 是逻辑协会的会长，那么他是男人；路西不是逻辑协会的会长，所以，路西是女人。

---

① ［英］苏珊·哈克：《逻辑哲学》，罗毅译，张家龙校，商务印书馆 2003 年版，第 22 页。

② 参见 Blackburn，S.，*Oxford Dictionary of Philosophy*，Shanghai：Shanghai Foreign Language Education Press，2000，p. 96。

在日常生活中，上述推理如果在路西确实不是逻辑协会的会长，并且她确实是女人的情况下，可能会得到很大一部分人的赞同并且会被认为是有效的，但是实际上，从逻辑的角度来说，这并不是一个有效的论证。因为在逻辑学的定义中，有效的推理这个定义远远比日常生活中更为严格，因为逻辑上所考虑的推理具有跨情景的有效性。

从逻辑的角度来看：

> 演绎推理作为一种推理论证形式，必然具有有效的推理和无效的推理形式两种，而一个有效的推理应该具有这样的特点，如果其前提为真，那么其结论必然真。①

这表明了在一个具有有效性的演绎推理或者论证中，前提真结论却为假的情况是不可能出现的，而且前提必然地和结论具有某种联系，使得前提和结论的关系不是偶然的，而是必然的。斯蒂芬·雷曼说：

> 有效论证是当前提为真时结论不可能为假。②
>
> 无效论证具有这样的特征：当前提为真时结论可能是假的。③

有效论证是当前提真时结论不可能假，即结论必然真，无效论证则当前提为真时结论有可能是假的。演绎推理的充足性也就是它的有效性，即保真性。

> 推理的充足性标准，在演绎推理中，它指“有效性”，

---

① ［美］斯蒂芬·雷曼：《逻辑的力量》，杨武金译，中国人民大学出版社2010年版，第3页。

② Layman C. S., *The Power of Logic*, Mayfield Publishing Company, 1999, p. 3.

③ Layman C. S., *The Power of Logic*, Mayfield Publishing Company, 1999, p. 6.

指结论的绝对性。换句话说，有效的演绎推理就是在前提真的情况下，它能保证结论的真。如果一个演绎推理能做到这一点，它就是充足的推理。①

下面两个推理都是充足的或者有效的推理。

(2) 所有鸟都是动物，松树不是动物，所以，松树不是鸟。

(3) 或者杰克（Jack）是学生或者他说谎，杰克没有说谎，所以，杰克是学生。

在上述的两个推理中，只要前提是真的，那么结论必然就是真的。

一个论证是有效的，当其前提都真而结论为假时将会是矛盾的（不可能的）。我们称一个论证为有效，并不断言其前提都是真的。我们仅仅断言，其结论是能够从前提中推导出来的，即如果前提都真，则结论将会必定是真的。②

不过，很多时候我们却无法判定一个前提是否为真，所以我们在判断一个推理是否有效的时候，仅需要假设前提为真。当假设前提为真时，若能够必然地推论出结论为真，那么这个推理就是有效的。

下面是一个反例：

(4) 所有鸟是动物，所有鱼是动物，所以，所有鱼是鸟。

---

① ［加］董毓：《批判性思维原理和方法——走向新的认知和实践》，高等教育出版社2010年版，第225页。

② Gensler, H. J., *Introduction to Logic*, Routledge, 2002, p. 3.

(5) 如果约瑟夫 (Joseph) 是一位丈夫，那么他是男人。约瑟夫不是一位丈夫，所以，约瑟夫是女人。

上述两个推论都是无效的。因为在这两个推论中，前提都为真，但是最后的结论却可以是假的。虽然如 (5) 这种推论，在某种情况下可能确实存在着约瑟夫是一位女人的情况，使得推理看起来像是有效的，但是显而易见，也同样有可能存在着约瑟夫是一位男人的情况，这个推理无法保证前提为真的时候结论必然为真，因此，它并非一个有效的推理。于是，我们可以这么说：一个并非有效的论证，当其前提为真时，不能必然地保证结论为真。

但是同时我们也需要注意，一个有效的推理并不保证其前提为假时的推理情况，即一个有效的推理，在它的前提为真时其结论必然是真的，但当其前提为假时，其结论的真假与前提无关。例如：

(6) 所有人都是植物，约翰 (John) 是人，所以，约翰是植物。

(7) 如果斯蒂芬 (Stephen) 偷了钱，那么斯蒂芬是个小偷；斯蒂芬偷了钱，所以，斯蒂芬是个小偷。

上述两个推理，虽然从形式上看都是有效的，但是显而易见，(6) 的结论是错误的，因为其大前提是错误的，事实上，人并不是一种植物。而 (7)，在斯蒂芬并没有偷钱的情况下，结论或真或假，因为斯蒂芬可能没有偷钱，但是他偷了别的东西，所以仍然是一个小偷，也有可能斯蒂芬没有偷钱，也确实不是一个小偷。

总之，一个有效的推论，仅保证当其前提为真时结论必然为真，不保证其前提为假时结论的情况。这正如苏珊·哈克所说：

> 如果一个论证具有真前提和假结论，这表明它是非有效的；但是，如果它有真前提和真结论或者假前提和真结论或者假前提和假结论，这并不表明它是有效的。因为一个论证只有在不仅仅是没有真前提和假结论，而且不能有真前提和假结论时，才是有效的。①

因此，演绎推理的有效性具有下列三个基本特征：

（1）有效的推理形式能够保证从真前提得到真的结论。这也就是演绎推理最根本的认识意义。但这并不等于说，当一个具体推理的前提、结论都为真时，其推理形式就一定是有效的。

（2）如果一个具体推理的前提都是真的而结论却是假的，则其推理形式一定是错误的。

（3）从假的前提出发，虽然推理形式是有效的，但结论却是可真可假的。然而这并不等于说，以假命题作为前提的推理都没有认识意义。②

以上是关于非形式论证的有效性的讨论，事实上，我们也可以从形式论证的角度，来看一下形式系统中的有效性。

形式系统中的有效性，通常也都是指的演绎推理所构成的形式系统中的有效性概念。

> 演绎是其结论从一个前提集中得出来的推理过程，通常限于指结论被假定为从前提中得出来的情况，即这个推论在逻辑上是有效的。③

苏珊·哈克说得比较具体，她将形式论证的有效性分为语形

---

①［英］苏珊·哈克：《逻辑哲学》，罗毅译，张家龙校，商务印书馆2003年版，第35页。

② 参见《中国大百科全书（哲学）》，中国大百科全书出版社1985年版，第885页。

③ Blackburn，S.，*Oxford Dictionary of Philosophy*，Shanghai：Shanghai Foreign Language Education Press，2000，p. 96.

和语义两个部分，如下：

语形的有效性是：$A_1\cdots A_{n-1}$，A_n在L中有效，必须其中的A_n通过L的推理规则，可以从$A_1\cdots A_{n-1}$和L中的公理集合推出。即$A_1\cdots A_{n-1}\vdash_L A_n$。

语义的有效性是：$A_1\cdots A_{n-1}$，A_n在L中有效，必须在$A_1\cdots A_{n-1}$是真的一切解释中，A_n都为真。即$A_1\cdots A_{n-1}\models_L An$。其间，$A_1\cdots A_{n-1}$，$A_n$，$(n\geqslant 1)$，$A_1\cdots A_{n-1}$为前提，$A_n$为结论。①

第三节　检查演绎有效性的方法

讨论完演绎推理的有效性之后，接下来我们要思考的就是如何检验一个推理是否有效。前文，我们已经探讨并得出了有效的演绎推理的一些特性，诸如：(1)一个推理前提为真时，结论必然为真；(2)推理前提为假时，不保证结论的真假。根据这两个特性，我们便可以得出如何检验一个演绎推理是否有效的具体做法。

首先，我们要检查这个推理在前提为真的情况下结论是否必然为真，即当前提为真的时候，是否存在错误结论的可能性。

> 检查一个演绎推理的主要任务是看它的有效性，即这个推理的方式有没有可能从真前提中推导出错误的结论？如果回答是否定的，这个推理就是有效的。②

其次，由于推理前提为假时不能验证推理本身的有效性，所以我们必须要假设，被检验的推理前提为真。所以我们提出如下两个检验原则：

---

① 参见［英］苏珊·哈克《逻辑哲学》，罗毅译，张家龙校，商务印书馆2003年版，第24页。

② ［加］董毓：《批判性思维原理和方法——走向新的认知和实践》，高等教育出版社2010年版，第235页。

L_1：假设推理的前提为真。

L_2：检查是否存在除了真结论以外的结论。

当通过 L_1、L_2 两个检验以后，不存在除了真结论以外的结论时，我们可以说，这个演绎推理是有效的。举例来看：

(1) 喝醉酒的人都不承认自己喝醉了，奥利弗（Oliver）不承认自己喝醉了，所以奥利弗喝醉酒了。

(2) 如果克里斯（Chris）是美国人，那么他就是白种人；克里斯不是美国人，所以克里斯不是白种人。

(3) 艾莉丝（Alice）或者是个演员或者是个银行职员，艾莉丝不是演员，所以艾斯利是银行职员。

让我们来检验一下上述推理。我们先看推理（1），虽然我们并不知道前提“喝醉酒的人都不承认自己喝醉了”是否为真，但是根据 L_1，假设前提为真，根据 L_2 检验发现，推理（1）具有两个结论：一是奥利弗确实喝醉酒了，所以否认自己喝醉酒；二是奥利弗没有喝醉酒，所以否认自己喝醉酒。由于存在一真一假两个结论，所以我们说推理（1）不是有效推理。

接着看推理（2）。根据 L_1，假设前提为真，根据 L_2，得出两个结论：一是克里斯虽然不是美国人，但他是白人；二是克里斯不是美国人，也不是白人。由于存在一真一假两个结论，所以推理（2）不是有效推理。

再看推理（3）。根据 L_1，假设前提为真，根据 L_2，得出结论：当艾莉丝不是演员时，只能是银行职员。由于只有一个真结论，所以，推理（3）是有效推理。

另外一个检验推理有效性的方法，是看这个推理的推理形式，也就是这个推理是否符合相应的有效推理形式。如果符合，则推理就是有效的，否则推理就是无效的。经常用到的一些有效的推理形式如下：

充分条件假言推理肯定前件式：如果 p 那么 q，p，所以 q。

充分条件假言推理否定后件式：如果 p 那么 q，非 q，所以非 p。

选言推理否定肯定式：p 或者 q，非 p，所以 q。

充分条件纯假言推理（假言三段论）：如果 p 那么 q，如果 q 那么 r，所以如果 p 那么 r。

以下是一些无效的推理形式：

充分条件假言推理肯定后件式：如果 p 那么 q，q，所以 p。

充分条件假言推理否定前件式：如果 p 那么 q，非 p，所以非 q。

相容选言推理肯定否定式：p 或者 q，p，所以非 q。

凡是符合有效推理形式的推理或论证都是正确的或者充足的，凡是违反有效推理形式的推理或论证都是不正确的或者不充足的，当然不正确或者不充足的推理或论证其推理形式当然是无效的。

举例来说：

(4) 如果你在法国，那么你在欧洲；你不在欧洲，所以，你不在法国。

(5) 如果你在法国，那么你在欧洲；你在欧洲，所以，你在法国。

上述案例中的（4）是一个有效的推理，因为这个推理的形式属于上述所说到的充分条件假言推理的否定后件式，属于有效的推理形式。也就是说，这个论证是有效的，是因为它具有有效的推理形式，即由逻辑词项（如果……那么……；不）和非逻辑词项（你在法国；你在欧洲）所共同组成的推理结构。(5）是一个无效的推理，因为这个推理的形式属于上述所说到的充分条件假言推理的肯定后件式，属于无效的推理形式。

中国古代的墨家学派，曾经提出过“法”这样的逻辑概念。如上所说的有效推理形式，其实也都属于墨家所说的“法”。《墨子·小取》说：

> 效者，为之法也；所效者，所以为之法也。故中效，则是也；不中效，则非也，此效也。

“法”就是规则、法则，在墨家文献中，道、理、方、法可以互相解释。就推理论证层面来说，“效”就是提供标准的推理形式和法则；“所效”就是被提供的标准推理形式和法则。所以，合乎这些推理形式和法则的推理或论证就是正确的、对的，不合乎这些推理形式和法则的推理或论证便是不正确的、不对的。墨家的“三表法”也是墨家提出来检验言论的“是”与“非”的基本法则或根据。

第三章　归纳及其充足性

逻辑主要研究推理及其有效性问题。演绎推理的有效性在于其保真性，那么归纳推理又是一种什么情况呢？事实上，通常所说的归纳推理的有效性就是其合理性。归纳推理要求前提必须真实，否则这个推理也就失去了意义，所以，归纳推理的有效性、合理性，从而也就是其充足性。

第一节　归纳推理及其特征

归纳推理和演绎推理不同，它不能通过有效性的检验，也就是说，归纳推理无法被称作一个有效的推理①，但是这并不代表归纳推理就毫无意义。斯蒂芬·雷曼曾经指出，从表面上看，“如果一个论证不是有效的，那么它就完全没有逻辑价值，但事情并不是这样简单。因为即使一个论证不是有效的，其前提仍然可以对结论提供有意义的支持”②。归纳逻辑有着自己的特点和适用范围。我们首先来讨论一下什么是归纳推理。

一般来说，归纳推理与演绎推理通常被看作两种完全相反的推理形式，演绎推理被认为是从普遍到特殊、自上而下的推理形式。而归纳推理则被认为是从特殊到普遍、自下而上的推理形

---

① 我们通常说一个归纳推理是“有效的”，事实上指的是这个推理或论证是合理的或者充足的。

② ［美］斯蒂芬·雷曼：《逻辑的力量》，杨武金译，中国人民大学出版社2010年版，第29页。

式，这种推理形式通常是通过许多不同的特例进行总结和归纳，最终得到一个普遍规律的推理方法。一般我们可以将归纳推理分为两种，一种是完全归纳推理；另一种是不完全归纳推理。

完全归纳推理是指在一个推理的前提中，考察或者收集了一类具有同一普遍规律的所有不同的对象。由于考察了同一普遍规律下所有的对象，所以我们可以说完全归纳推理在前提为真的情况下结论必然为真，即具有有效性，但也如前文所述，归纳逻辑不具有有效性。这里看起来似乎有所矛盾，但其实并不矛盾，因为如果要使得一个完全归纳推理得以成立，至少必须具有以下两个要求：

（1）考察完所有具有同一普遍规律的不同对象；

（2）对所考察的对象所做出的所有具体判断皆为真。

但实际上，考察完所有同一普遍规律的不同对象基本是不可能的，同时也无法保证人们的认识能力是否能够完全地认识对象的规律，于是，完全归纳推理由于实现的难度过大，基本只具有概念上的指导意义。

不完全归纳推理是指对于某一类具有相同规律的部分对象进行考察，最后得出所有这类对象都具有一个普遍的规律的推理方式，这种推理方式由于其对象是不完全的，所以其结论由于认识偏差是不保真的，即不具有必然性，而只具有或然性或者概然性。如周礼全所言：

> 推理可分为演绎推理和归纳推理。对于一个正确的演绎推理形式，不论其中的变项代入任何非逻辑词项，如果前提都是真的，则结论也是真的。在此意义上，正确的演绎推理形式有必然性。正确的归纳推理形式却不具有必然性而只具有或然性。一个应用了正确归纳推理形式的归纳推理，其或然性的大小不仅决定于它所应用的归纳推理形式，而且还决定于它对所

涉及现象的分析和这种分析所根据的知识的可靠程度。①

不完全归纳推理一般具有两种形式，分别为枚举归纳推理和科学归纳推理。

枚举归纳推理，也称为枚举归纳法或者简单枚举归纳法，它是指一类相同的属性或者规律，在一部分同类的对象中不断反复地出现，并且在其过程中没有反例，则推论出所有该类对象都具有某种规律或者属性的推理。

例如，天鹅 1 是白色的，天鹅 2 是白色的，……，天鹅 n 是白色的，并且没有观察到任何其他颜色的天鹅。那么可以得出结论，所有天鹅都是白色的。

枚举归纳推理的公式可以写作：

S_1具有 P，S_2具有 P，…，S_n 具有 P，且不存在 S'`（S'_1，…，S'_n）不具有 P。则所有 S 具有 P。

这种归纳推理形式由于完全基于观察，可靠程度较低，一旦出现任何的反例，整个结论将被推翻，不再具有任何意义，并且对于数量的需求过于庞大，在实践中具有相当大的难度。

科学归纳推理，也称为科学归纳法，它是指依据一类事物与其具有的相同的属性或规律间的因果联系的科学分析，推论出该类事物都具有某种规律或者属性的推理。

例如，水受热会蒸发，酒精受热会蒸发。由于分子受热膨胀，分子间距离增大，活动加剧导致水或酒精变为气态，而水和酒精都是液体，所以得出，所有液体受热都会蒸发。

科学归纳推理的公式可以写作：

S_1，S_2，…，S_n属于 S 类，且如果 S 则 P，如果 P 则 Q。则所有 S 具有 P。

科学归纳推理相比较于枚举归纳推理，由于运用了演绎的方法来解释因果关系，因此，其可靠性程度更高，同时由于科学归

---

① 《中国大百科全书（哲学）》，中国大百科全书出版社 1985 年版，第 534 页。

纳推理通过演绎和归纳相结合的方法进行推理，对于对象数量的依赖程度低于枚举归纳推理，所以一般来说，科学归纳推理相较于枚举归纳推理要更为可靠。

上述的归纳推理类型一般被称作古典归纳，只把结论是全称命题的推理看作归纳推理，但是从更广义的角度来讲，诸如类比推理、溯因推理等具有实际意义的推理形式都可以被看作广义的“归纳”推理。

类比推理是指，根据两个或者两类不同的事物对象在某些属性上的相同或相似，从而推断出它们在其他属性上也相同或相似的推理。

例如，萝丝（Rose）是一个善良、友爱并且极具爱心的女人，很擅长照顾小孩；艾莉丝也是一个具有善良、友爱和极具爱心等特点的女人，虽然她从来没有照顾过小孩，但是我们可以推断，艾莉丝也擅长照顾小孩。（L_1）

类比推理的公式可以写作：

A 和 B 都具有属性 P_1，P_2，…，P_n，同时 A 还具有属性 P_{n+1}，则 B 也具有属性 P_{n+1}。

由此可见，类比推理是不同于古典归纳推理的，它的结论的对象是个别的属性或特征，而并非全称命题，是一种由个别到个别的推理；同时，由于其类比的特点，它的结论是非必然的，即归纳强度不为 1，当前提为真时，结论不一定为真，所以在广义上能够被看作归纳推理。

类比推理的可靠性程度评估，可以从两方面来进行考虑，其一是 A 与 B 之间所具有的相似或一致的属性越多，那么结论为真的可能性就越大；其二是 A 与 B 之间所具有的相似的属性，与类比推出的属性之间的关联越密切，那么结论为真的可能性就越大。

上述 L_1 一般可以被看作相对可靠的论证。我们接下来简单地对推理 L_1 进行一点修改，使得 L_1 变成一个不那么可靠的论证 L_2。如下：萝丝是一个善良、友爱并且极具爱心的女人，并且是一个很成功的将军；艾莉丝也是一个具有善良、友爱和极具爱心等特点的女人，虽然她从来没有当过将军，但是我们推断，艾莉丝也会是一个成功的将军。(L_2)

我们一眼就能够看出来，推理L_2这个推理显然是非常不可靠的，虽然它与L_1相同，在前提的数量和真实性上都完全一致，但是由于其前提的属性与类比推出的属性之间的关联性过低，所以我们很难认为这个推理是可靠的。这就是类比推理中所需要注意的一个很关键的问题，即前提属性和结论属性之间的关联性。

相对来说，类比推理在现实生活中的运用比传统的古典归纳推理更为广泛。

溯因推理和它的名字类似，是指从结果出发，通过与结果相关的一般规律性知识，推出事件发生原因的推理方式。

例如，家中某个房间的电突然断了，就会推测出家中这个房间的电闸跳闸了。因为从一般规律性知识角度出发来看，如果家中某个房间的电闸跳闸了，那么这个部分的房间就会断电。(L_3)

溯因推理的公式可以写作：

当 Q 发生，同时如果 P 那么 Q，则 P。

从形式上我们可以看出，溯因推理是基于充分条件肯定后件式的推理逻辑进行推理的，不过它并不符合演绎推理中有效推理形式的定义，因为当如果 P 那么 Q 为真时，通过非 Q 可以推出非 P，这是有效的推理，但是前件 P 并不是后件 Q 的必要条件，也就是说（我们来看L_3的推理），由家中某房间断电了，推测出家中这个房间的电闸跳闸了，显然，跳闸并非是断电的必要条件，因为断电还有很多其他可能，诸如：线路短路、停电、欠费等。这就说明，在断电这个结果发生的情况下，并不能保证一定是跳闸造成的，这就导致了溯因推理在前提为真的情况下并不能保证结论也为真，也就是说其归纳强度不为 1。

溯因推理的可靠程度取决于两点：其一为所依靠的一般规律性知识的正确性，如果是正确的，那么可靠性相对较高；其二为前提的充分条件的数量，一般来说，数量越少，可靠性越高，当前提的充分条件只有一个时，互为充要条件，那么溯因推理的归纳强度便为 1 了。

相对地，为了提高溯因推理的可靠性，我们可以通过古典归纳的方法来排除掉一些前提的充分条件，从而减小可能导致前提发生的因的数量，简单来说，例如 L_3 中，房间断电可能是由于跳闸、线路短路、停电、欠费等，但当我们发现，线路短路、停电、欠费等情况都没有发生时，断言房间断电是因为跳闸就具有更高的可靠性了。

总之，演绎推理以不探索新内容的办法来达到保险。而归纳推理情况则相反，它的结论有前提不能包含的部分，但是不保险。归纳是“可能性”的推理，好的归纳是结论可能性很高的推理。推理的充足性标准，在演绎中，它指的是“有效性”，即结论的绝对性。在归纳推理中，推理的充足性就是一种高可能性，即前提能给结论提供高度的支持，结论出现的概率很高，这个推理就是充足的、合理的。也就是说，如果一个归纳推理，包括统计、类比和因果等，它的前提使结论真的可能性很高，它就是一个充足的或者具有充足性的归纳推理。① 一个归纳上合理的或者充足的推理，也就是在归纳上强的推理。一个论证是在归纳上强的，如果它的前提给予了它的结论以某种程度的支持，即使是亚于决定性的支持也行；也就是说，如果它的前提真而结论假是不大可能的（注意，如果按照这种方法来解释，演绎上的有效论证应算作归纳上强的，演绎有效性将是归纳强度的一种极限，其前提真而结论假的概率等于零）。②

第二节 归纳的辩护

自从“休谟问题”提出以来，归纳逻辑受到了根本性的质

① 参见［加］董毓《批判性思维原理和方法——走向新的认知和实践》，高等教育出版社 2010 年版，第 225 页。

② 参见［英］苏珊·哈克《逻辑哲学》，罗毅译，张家龙校，商务印书馆 2003 年版，第 28 页。

疑，休谟（Hume，D.）提道："一切因果推理都是建立在经验上的，一切经验的推理都是建立在自然的进程将一律不变地进行下去的假定上的。我们的结论是：相似的原因，在相似的条件下，将永远产生相似的结果。"但是，作为这一切的根基的自然齐一律的假定，却永远无法得到逻辑上的证明。① 我们将休谟的整个观点整理一下，大概可以重构为三点：其一，归纳推理无法得到演绎地证明。显而易见，演绎推理是由普遍规律向个别规律的推理，而归纳推理则是从特殊规律向普遍规律的推理，归纳推理的结论作为全称结论远远超出了演绎推理的范围。其二，归纳推理的有效性无法通过归纳得到证明。显而易见，通过归纳推理来证明归纳推理也必然会陷入一个无限的循环论证之中。其三，归纳推理要以自然齐一律与普遍因果律作基础，但这二者并不具有客观的真理性。② 因为自然齐一律和普遍因果律只是人在感官生活中所感受到的经验知识，并没有任何的证据和逻辑可以保证自然齐一律和普遍因果律是存在的。显然，休谟的这一怀疑在针对归纳推理的基础上，更是进一步涉及了人的认知能力的限度，所以这一问题同样也引起了大量哲学家和逻辑学家的关注，他们通过不同的路径和方法，寻找着使得归纳能够得以成立的方案。

培根（Bacon，F.）曾经提出了自己著名的归纳推理中的科学归纳法。首先培根本身是反对亚里士多德将个别经验直接上升成为最高公理，继而以由此得出的最高公理作为推演的基础来进行推理的方法。他认为，在归纳逻辑中，从个别经验上升到最高公理是需要大量"中间公理"来进行作用以做出保证的，是需要通过搜集经验材料的方法、整理经验材料的方法和排除法才能得出结论的。其中，整理经验材料的方法就是他所提出来的三表

---

① 参见［英］休谟《〈人性论〉概要》，见周晓亮《休谟哲学研究》附录一，人民出版社1999年版，第367—381页。

② 参见周铃、李永海《论休谟问题的逻辑解答》，《重庆大学学报》（社会科学版）2003年第6期。

法，即存在表、差异表和程度表。[①] 培根的这种科学归纳法，虽然无法完全保证结论的真实性，但是培根通过将经验材料进行详细的归类、考察和研究，对经验材料的真实性、相关性进行了严格的限制和筛查，使得归纳推理的可靠性得到了很大程度的提高，同时也为今后科学研究中的实验研究奠定了一种可行的实践理论基础。

培根所提出的这种用以保证归纳推理可靠性的“中间公理”，恰恰又类似于再后来古德曼所提出的归纳规则这一概念。古德曼（Goodman，N.）认为，归纳逻辑应当类似于演绎逻辑，应当是具有某种行之有效的可以正确地把握和保证推理结果可靠性的规则或原则的。而这种规则必须是在已有的归纳推理之中能起到作用的，才能被看作行之有效的归纳推理规则。[②] 在这一点上，皮尔士更进一步提出了自己的归纳理论，他认为归纳理论有两个方面：一方面是从样本到总体的推理形式；另一方面则将其看作追求真理的“值得信赖的方法”，他认为归纳是一种“自修正”，并不依赖于概率而得出结论，而是必须通过长期的经验过程而通向真理。在这个意义上，我们说，皮尔士试图做一个归纳的非概率式辩护。[③] 皮尔士表明，归纳是通过长期的经验过程来达致真理，而刘易斯（Lewis，D.）表明，通过归纳比不通过归纳将给予我们更多的成功。并且，皮尔士和刘易斯还认为，之前证明归纳的有效性时，并未实质性地预设诸如假设或作出自然的齐一性。为了证明归纳的有效性不必作出一个实质性的预设，是因为这样做会导致循环论证，但这种齐一性在归纳的非概率式辩护中的任一现实世界中都是理论上必不可少的。即，关于实在知识的某个齐一性一般是必不可少的，因为这并不会导致必须假设某个预先指定

---

① 参见马玉珂主编《西方逻辑史》，中国人民大学出版社 1985 年版，第 226、236 页。

② 参见［美］成中英《皮尔士和刘易斯的归纳理论》，杨武金译，中国人民大学出版社 2017 年版，第 2—3 页。

③ 参见［美］成中英《皮尔士和刘易斯的归纳理论》，杨武金译，中国人民大学出版社 2017 年版，第 14 页。

描述的齐一性作为归纳有效性的基础。

皮尔士和刘易斯的归纳理论已经肯定了归纳在一般层次上的可辩护性，并且提出了一般对归纳进行辩护的方法。在这个意义上，他们已将归纳辩护问题作为一个真正的和可解决的问题，而且驳斥了现代语言学家关于不存在一般的归纳辩护问题，以及归纳辩护问题仅仅是一个发现归纳是否符合一个标准的问题的观点。如我们所指出的，语言哲学家假定我们不应该提出关于归纳标准的可信赖性首先就是错误的。其次，归纳寻找符合的标准和逻辑说服力并没有联系。另外，我们对皮尔士和刘易斯归纳理论的考察表明，甚至归纳标准都遭到怀疑，而且归纳是基于概率才能够得到一致阐述的。在这个意义上，归纳作为一种推论的有效性，类似于演绎作为一种推论的有效性，尽管它在很多其他的重要方面不同于演绎。

除此以外，归纳逻辑还具有演绎逻辑无法达到的重要意义，在这里我们可以将归纳逻辑有别于演绎逻辑的重要特点分为以下四点。第一，发现的逻辑。诸如前述的溯因推理、类比推理等，都可以被看作一种发现的逻辑，因为归纳逻辑的本质是通过个别经验最终推出最高公理的推理，它的结论是大于其前提的，即，归纳推理通过较少的同类内容推出了一个较多的全新的上位概念或内容，这一点是演绎逻辑所不具备的。第二，证成的逻辑。我们通过客观的经验证据，最终要证成某个推理假说的证明方式，这种证成方式也可以算作目前一般实验科学的证成基础，通过实验的抽样归纳最终来支持和证明实验预先的假说。第三，接受的逻辑。在主体听闻某种假说和理论时，对于理论是否接受，这就需要做各方面经验和知识的归纳，以及主体本身的客观状态和情绪状态，这些因素最终都是通过归纳逻辑来进行判断的。虽然在演绎逻辑中也可以根据某些最高公理进行判断，但是在实际情况下，很多假说的情况复杂程度都不是简单地通过某一个最高公理能够推论得出的，而是需要各种多样的信息或理论，而这种接受的逻辑，最终就是通过归纳的方法而得以确保的。第四，修正和进步的逻辑。在各个学科的各个理论领域，由于理论的证成或证伪基本都不是完全的，这就存在着一个问题，理论在各个时代背景和科学背景下是会有所变化或者修改的，而这种理论的修改和进步，是无法通过演绎逻辑的方式来进行的，因为如果一个理论是根据演绎的方式形成的，那么这个理论一定为真，这是由演绎逻辑的有效性决定的，但是一个一定为真的理论首先不具备发现的价值，也不具备需要修正和进步的空间。因为它本身已经为真了，那么它本身便是不需要修改的，而正是因为归纳逻辑作为发现的逻辑而存在，理论才需要进步和修正，而这种修正在修正的同时也是一种新的发现，所以，归纳逻辑也是对于科学理论进步和修正所必备的逻辑。

因此，对于归纳逻辑，其本身虽然不具有保真的有效性，但是它具有演绎逻辑所不具有的诸多特点，在保证了其可靠性的情况下，归纳逻辑在实践论证或者科学发现之中有着重要的作用。

第三节　相对支持概率

在因果型的归纳推理中，因果关系的确定是非常复杂的。

有时我们说 A 是 B 的原因，是因为 A 是 B 的充分条件。比如，割断牛头与牛死之间，不割断牛头牛也会死，但割断牛头牛一定会死，牛没有死则一定没有割断牛头。所以，割断牛头是牛死的充分条件（而非必要条件），同时割断牛头也是牛死的原因。但有时我们说 A 是 B 的原因，则是因为 A 是 B 的必要条件。比如，感染感冒病毒与患病毒性感冒，即使感染感冒病毒也未必会患病毒性感冒，但是没有感染感冒病毒，则一定不会患病毒性感冒。所以，感染感冒病毒是患病毒性感冒的必要条件（而非充分条件），同时感染感冒病毒也是患病毒性感冒的原因。当然，有时我们说 A 是 B 的原因，是因为 A 既是 B 的充分条件也是 B 的必要条件。比如，一个数如果能够被 2 整除，那么这个数就是偶数，而一个数如果不能够被 2 整除，那么这个数就不是偶数，所以，一个数能被 2 整除是这个数为偶数的既充分且必要的条件，从而一个数能被 2 整除也就是这个数为偶数的原因。

但有时，A 既不是 B 的充分条件，也不是 B 的必要条件，我们也说 A 是 B 的原因，这是因为 A 是 B 的一个要素。比如，吸烟与患肺癌之间。吸烟不一定就患肺癌，而且不吸烟也可能患肺癌。吸烟不是患肺癌的充分条件而且不是患肺癌的必要条件，但是吸烟确实是患肺癌的原因。这是为什么呢？因为吸烟者患肺癌的比例比不吸烟者患肺癌的比例要高甚至高得多，也就是说吸烟是患肺癌的一个要素，我们称这个要素为相对支持概率。

如前所述，对于归纳推理的结论，我们基本已经同意了它是不具备有效性的，而是具有可靠性或者说是归纳有力量的，我们也将归纳推理的可靠性看作归纳强度的一种表现。一般来说，一个具有更高的可靠性的归纳推理必然具有更高的归纳强度，这种归纳强度很多时候可以通过概率得以体现。

例如，中国 70 岁以上的老人 90% 以上不会使用电脑，老王是一个 70 岁以上的老人。因此，老王不会使用电脑。（L_4）

这样的一个推理，我们通常认为是一个具有较强的可信度的推理，但是该推理显然也并不能保证结论是一定真的，只能说这是一个结论很可能为真的推理，对于这种结论很可能为真的推理，我们一般将其称作一个强论证。强论证具有如下的本质特征，即如果前提真时，则结论真就是很可能的但并不是必然的，即假设前提真而结论假是不大可能的。这种强论证也可以称为具有绝对支持概率的论证。[①]

那么，我们如何认定一个论证或者归纳的结论是弱的呢？简单来说，就是观察当这个推理论证出现时，其结论为真的可能性有多大。譬如，我们将 L_4 中的 90% 替换为 99%，那么我们就会发现这个论证的强度比 L_4 更强，因为这个推理只有 1% 的可能性会出错。反之，如果将 L_4 中的 90% 替换为 50%，我们就会觉得

---

① 参见［美］斯蒂芬·雷曼《逻辑的力量》，杨武金译，中国人民大学出版社 2010 年版，第 29 页。

这个论证不值得一提，因为有差不多1/2的可能性这个推测是错的，使得这个论证更像是一个猜测而不是推理了，这样的推理我们一般就称为一个弱的论证。弱论证具有如下的本质特征，即如果前提真时，则结论为真就是不大可能的。①

那么，在这里，我们显然又发现了一个新的问题，就是统计归纳的问题。我们如何能保证在一个论证中所出现的“90%以上的中国老人不会使用电脑”这一前提是可信的呢？正如前文所述，我们试图进行一个完全的归纳是基本上不可能的，但是科学归纳的方法又无法在这个例子中得以运用，那么我们便需要一种别的方法来进行归纳。我们称之为公平抽样法，关于这一方法，皮尔士提道：

> 样本应该被随机地、独立地从总体中抽取。这就是说，抽取样本的规则或方法必须能够被重复地、独立地使用，并且最终能够使得相同大小的任一事例集合被抽到的频率是相等的。②

这就要求，抽样的方法要具有随机性和独立性，简单来说，我们一般通过按比例的随机抽样方法来对样本进行抽样，即针对某抽样群体，设比率为X%，在所有该群体中，按照X%的比率随机抽取对象群体进行归纳。

例如，我国70岁以上老人登录在册的有X名，决定按照30%的比率进行抽样。于是针对中国各个地区，均按照30%的比率进行抽样，查看老人是否会使用电脑。最后结果显示，抽样人口中90%的老人不会使用电脑，所以得出结论：中国70岁以上老人中90%不会使用电脑。(L_5)

---

① 参见［美］斯蒂芬·雷曼《逻辑的力量》，杨武金译，中国人民大学出版社2010年版，第29、320页。

② Hartshorne, C., Weiss, P., Burks, A. W., *The Collected Papers of Charles Sanders Peirce*, vol. 2, Harvard University Press, 1931, p. 726.

诸如 L_5 这种类型的抽样方法，在不完全归纳的基础上，保证了归纳对象的普遍性和随机性，这种抽样方法所进行的归纳具有更强的可信度。

解决了归纳样本的问题以后，我们再看类似 L_4 的一个论证：抽烟的人得肺癌的概率为18%，不抽烟的人得肺癌的概率为1%，所以，抽烟者容易患上肺癌。(L_6)

这个论证算不上是一个特别强的论证，因为即使抽烟者患肺癌的概率也仅仅只有18%，我们并不能就此断言抽烟容易患上肺癌这个结论真。但是这并不表明这个论证是错误的，因为这里存在一个偏差的问题，即肺癌本身就是一个患病率极低的病症，所以对此，我们应该考虑的是，在肺癌患者这一对象群体身上，吸烟和不吸烟的人有多大的差别。

在小概率事件上，我们就应该试图考虑在事件发生的基础上，某事实A与另一事实B之间存在多大的差异，在此基础上来进行论证。在这里，我们可以运用贝叶斯（Bayes）公式来计算小概率事件在某个事实下发生的概率。贝叶斯公式如下：

$$P(B_i \mid A) = \frac{P(B_i)\,P(A \mid B_i)}{\sum_{j=1}^{n} P(B_j)\,P(A \mid B_j)}$$

其中，B_i 表示某事件B，A表示某事件A，$P(B_i)$ 表示事件发生的概率，$P(B_i \mid A)$ 表示在A情况发生时发生B情况的概率。

运用贝叶斯公式，我们就可以很容易地计算出某事实A在小概率事件发生时的概率了，比如 L_6。我们从数据上来看，成年人中吸烟者有25%，吸烟者得肺癌的概率为18%，不吸烟者得肺癌的概率为1%，通过贝叶斯公式我们就可以算出得肺癌的人吸烟的概率为85.7%，而得肺癌的人不吸烟的概率仅为14.2%。肺癌患者中吸烟者的比率比不吸烟者整整高出了71.5%，这样，我们就可以得出如下的一个论证：

肺癌患者吸烟的概率为85.7%，肺癌患者不吸烟的概率为14.2%，所以，吸烟者更容易得肺癌。(L_7)

这一论证相对于L_6来说显然更强，因为这个论证更加简单清晰地表示出了癌症患者在吸烟者和不吸烟者之间的差距，这种方法我们将其称为相对支持概率。

在人文社会科学研究中，相对支持概率概念具有重要的论证作用。比如，中国古人很擅长诸如下面这样的论证：

孟子说：

> 舜发于畎亩之中，傅说举于版筑之间，胶鬲举于鱼盐之中，管夷吾举于士，孙叔敖举于海，百里奚举于市。故天将降大任于斯人也，必先苦其心志，劳其筋骨，饿其体肤，空乏其身，行拂乱其所为，所以动心忍性，曾（增）益其所不能。人恒过，然后能改；困于心，衡于虑，而后作；征于色，发于声，而后喻。入则无法家拂士，出则无敌国外患者，国恒亡。然后知生于忧患，而死于安乐也。①

大舜是由一个普通的农夫发迹的；傅说是从建筑工人中进行举荐的；胶鬲是从贩卖鱼盐的小商人中推举的；管夷吾是从囚徒中举荐的；孙叔敖是从海滨推举的；百里奚是从贸易市场中举荐的。所以上天要把重大的使命委托给某个人，一定首先要让他内心苦痛，筋骨劳累，让他忍饥挨饿，让他身遭穷困，让他每做一件事情总是那么不如人意，这样便能触动他的心灵，培养他的意志，增强他的能力。一个人经常犯错误，才能有改正的机会；思想上感到困惑，思虑上又遇到障碍，才能奋发有为。然后把这种情绪通过表情、言辞体现出来，人们便了解你了。如果在国内没有精于法制的大臣和胜任辅弼的贤士，在国外又没有力量相当的国家所形成的外患，那么，一定会发生亡国的事情。明白了这个道理，就知道了忧愁困苦反能使人生存，安逸享乐倒会导致灭亡

① （清）焦循撰：《孟子正义》，中华书局1987年版，第864—872页。

的道理了。[1]

上述这段话先是通过枚举归纳推理，得出结论：能够担当大任的人必先经过磨难和磨炼（生于忧患）。其次，通过分析其中的原因，指出人如何通过艰难然后才能成才的根本理由。最后通过比较没有经过磨难者和经过磨炼者，如果让其身处于高位必然导致事业失败的后果（死于安乐）。通过反面事例对比，强化了正面观点的论证作用，整段话具有很强的逻辑论证力量和说服力。

① 参见《孟子译注》，郑训佐、靳永译注，山东出版集团、齐鲁书社 2009 年版，第 218—219 页。

第四章　逻辑研究真

第一节　真的问题的重要性

逻辑哲学的中心论题是推理，即讨论“从什么正确地推出什么”这样的逻辑论证。那么，什么样的结论是可以从前提集中合法地推出的呢？什么是一个有效的论证？如前所述，在演绎推理中，我们是用保真（truth-preservation）这一概念来回答的。也就是说，若一个论证的前提为真，则其结论必然也是真的。可见，前提与结论都需要是某种能够是真的或者假的东西。因此，“真”的问题在逻辑中是一个非常重要的问题。弗雷格（Frege，G.）的“真为逻辑指引方向”便最为直接地阐明了“真”的问题的重要性。[①] 同时，斯蒂芬·里德（Read，Stephen）也将“真”和正确推理，作为《对逻辑的思考——逻辑哲学导论》一书的主要研究问题，同时还强调了语言哲学和逻辑哲学之间具有既相互区别又密不可分的关系。在他看来，意义（meaning）、所指（reference）和真本身，就是紧密相连的“三驾马车”（closely knit trio）。这里，意义和所指，本质上都是语言学上的概念，语言使用者往往通过语言来表达意义，并指称所指。这些都是关于事物如何被述说的问题。与此相对照，“真”摆脱了语言，直接聚焦于我们的世界，致力于厘清事物本来的状态，要求事物正如被述说

① 参见 Frege，G.，“Thought”，Michael Beaney（ed.），*The Frege Reader*，Blackwell Publisher，1997，p. 325。

的那样——语言与实在相一致。①

通常来说，一个漂亮的形式逻辑系统必定包含语法和语义两部分。语义理论给空洞的逻辑符号串赋予生机；逻辑形式系统只有与意义理论相结合，才能实现逻辑本身的现实意义，因而意义理论是逻辑哲学的一个重要话题。或许对于真概念是否是意义理论的核心概念，在学界尚存在争议，但真与意义相对应是当代语言哲学讨论中的一个重要共识。真理论起源于弗雷格的真值条件语义学，长久以来占据着意义理论的大半江山。虽然一些人认为，构造意义理论的时候不需要用到“真”这一概念，由此生发出证明论语义学（proof-theoretic semantics）、推论语义学（inferencial semantics），等等。但是，这些理论家在本质上都不能绕开对于真的讨论，他们或是直接在真的基础上构造特定的意义理论，或是想要取消真在解释意义中的作用。我们认为，对于真的追求便是逻辑对于语言的规范性要求，真概念的重要性是毋庸置疑的。从关于真和推理的问题，到关于语言、世界和二者之间的关系的问题来看，逻辑哲学一方面充分彰显着自己独有的理性批判的特征；另一方面则担任着考察实际、帮助人们理解世界的重任。

那么，什么是真？如上所述，如果一个推理或论证的前提为真，那么其结论必然为真，则推理有效，即保真的论证就是有效的论证；反过来，推理有效是否一定就是前提真而结论也真？若答案是肯定的，就可以在“保真”和“有效”之间画一个等值符号，即互为充分必要条件。既然互为充分必要条件，我们就可以简单地将“真”定义为逻辑中有效的论证。

然而，事实并非如此简单。由于现实世界的非绝对性、自然语言的多样性，以及人类理性能力的局限性等多重因素，“真”

---

① 参见 Read, S., *Thinking About Logic*, *An Introduction to the Philosophy of Logic*, Oxford: Oxford University Press, 1995, pp. 1 -4。又参见［英］斯蒂芬·里德《对逻辑的思考——逻辑哲学导论》，李小五译，张家龙校，辽宁教育出版社 1998 年版，第 1—5 页。

在语言哲学之中的界定和运用是饱受争议的，各种“真”理论都具有其独特性。就说在逻辑领域，近年来也发展出各式各样的非二值逻辑。正如苏珊·哈克所说，主张逻辑只讨论非真即假的东西，无异于残酷地判处了非二值逻辑的死刑。[①] 值得一提的是，对于“真”是否是客观的、存在的，相对主义者往往会认为，没有像绝对真那样的东西，所有的真都相对于判断它的人。而柏拉图主义者（Platonists）则反驳道：

> 相对主义根据它自己的看法，在拒斥它时我就使拒斥它成为正确的。[②]

这无疑是关于“真”的重要问题，但是它属于形而上学领域，我们在此谈论的“真”并不作为一个存在着的客观对象，而是一个谓述其他对象的性质，这便要求我们首先回答“是什么真”这一问题。苏珊·哈克说，决定是什么被恰如其分地叫作“真的”或“假的”，也是一个非常重要的问题。[③] 接着，本章将试图呈现出迄今为止较为全面的各种真之理论，以供读者对于“什么是真”这个问题有一个较为完整而具体的把握，最后单独列出“逻辑真”，以期与其他意义上的“真”相区别。

第二节　是什么真？

既然我们假定真或者假是一种性质，那么我们就应该能够判别拥有这种性质的东西的类型，这就是“真的承担者”是什么的

---

① 参见［英］苏珊·哈克《逻辑哲学》，罗毅译，张家龙校，商务印书馆 2003 年版，第 105 页。

② ［英］斯蒂芬·里德：《对逻辑的思考——逻辑哲学导论》，李小五译，张家龙校，辽宁教育出版社 1998 年版，第 8 页。

③ 参见［英］苏珊·哈克《逻辑哲学》，罗毅译，张家龙校，商务印书馆 2003 年版，第 99 页。

问题。也就是说，它所回答的是那些能够为真或者为假的东西是什么？通常认为，真值承担者的候选者可以有语句、陈述、判断和命题四种情况，各种讨论均围绕论证要么只有其中一个能够是真值承担者，要么其中一个是首要的，其他是派生的真值承担者。苏珊·哈克认为，实际上关于哪个是“真值承担者或首要真值承担者的争论，既不是结论性的也不是富有成效的”[①]。不过我们认为，对这个问题的探讨绝不是没有意义的，至少能让我们明白当我们在谈论“真”的时候，我们究竟是在谈论些什么东西。

一 语句、陈述、判断、命题

语句（sentence），是指任何语法上正确的，并表达完整的意思的自然语言表达式串或者说语词序列。如“雪是白的”是语句，但“坐旁边在内”“是蓝色的”，等等，不是语句。苏珊·哈克区分了两种语句：一种是疑问句或祈使句，另一种是主要动词是直说语气的直陈句（陈述句）。[②] 换言之，我们根据一个语句是否对事物对象的情况有所陈述，把语句区分为陈述句和非陈述句两种类型，非陈述句则可分为疑问句、命令句和感叹句；陈述句直接对事物对象有所陈述、指称或谓述。[③]

陈述（statement），是指读出或写出一个陈述语句时我们所说的东西或内容。说两个陈述是相同的，当且仅当它们“关于同样的东西说了同样的东西”。这一解释虽然很漂亮，但却很难去实践，因为我们很难判断什么时候是关于同样的东西，两个人又是否说了同样的话。

命题（proposition），可以理解为一组同义的陈述句所共同具

---

① ［英］苏珊·哈克：《逻辑哲学》，罗毅译，张家龙校，商务印书馆 2003 年版，第 99—100 页。

② 参见［英］苏珊·哈克《逻辑哲学》，罗毅译，张家龙校，商务印书馆 2003 年版，第 95 页。

③ 参见胡泽洪、张家龙等《逻辑哲学研究》，广东教育出版社 2013 年版，第 37 页。

有的东西。倘若两个语句具有相同的意义，则它们就表达了同一个命题。[①] 这与陈述一样，也会面临同一性问题。一个命题还可以等同于它在其中为真的可能世界的集合，或等同于从可能世界到真值的一个函数。如“杰克（Jack）与杰尔（Jill）有一个共同的父亲”与“杰克与杰尔是异母兄弟”，它们表达了同一个命题。[②] 更抽象地说，命题是直陈语句中具有意义并且具有所指的对象的语句。因此，它可以作为思想和信念的对象，成为不同语言得以交流的必不可少的共同要素。[③]

判断（judgement），是对对象情况实际作出断定的命题。命题的范围更为广泛，它可以指言词表达的判断或信念，也可以指言词表达的假定或观点。说出一个命题显然要易于作出一个判断。比如，“哥德巴赫猜想”（Goldbach conjecture）（任何一个足够大的偶数都可以表示为两个素数之和）是一个命题但不是一个判断，因为它并没有作出实际的断定，只是一个“猜想”而已。此外，由于断定是一种主观认识，因而判断往往需要与具体的说话者和特定情形相联系。[④]

总之，语句是用于交流和沟通思维的具体的、实在的呈现。陈述、命题和判断都来自于语句或者说陈述句。其中，陈述和命题都是某种处于思维层次的十分抽象的东西，但陈述是较个体的、特殊的，而命题则更为普遍、一般。判断可以理解为一类命题，即做了断定的命题。

二 真的承担者

我们接下来逐一讨论，语句、陈述、命题和判断，这四个候

---

① 参见［英］苏珊·哈克《逻辑哲学》，罗毅译，张家龙校，商务印书馆2003年版，第96页。

② 参见［英］苏珊·哈克《逻辑哲学》，罗毅译，张家龙校，商务印书馆2003年版，第96页。

③ 参见弓肇祥《真理理论——对西方真理理论历史地批判地考察》，社会科学文献出版社1999年版，第22页。

④ 参见胡泽洪、张家龙等《逻辑哲学研究》，广东教育出版社2013年版，第38页。

选者是否能够合理地成为真的载体，即真的承担者。斯特劳森曾经断言：说语句是真的或假的，这种说法是不恰当的，甚至是没有意义的。从其实际的具体论证来看，斯特劳森的观点主要包括以下两个方面。其一是说，如果句子是真的或假的，那么有些句子就会在此时是真的，在彼时是假的；其二是说，有些语句（如非直陈句）根本就不可能有真假。[①]

苏珊·哈克认为，斯特劳森的论证缺乏说服力，因为在特定的时刻，面对特定的情形，我们仍然可以声称某个语句是真的或者假的。然而，由斯特劳森的论证，我们可以得到对于真的承担者的两个要求：(1)其真值是确定不变的，如“琼斯正在穿一件大衣”；(2)相关种类的全部项目都是真的或假的。[②] 显然，这已经假定了：一个正确的真之理论必须是二值的，并且使得真是超时空的、永恒的。但是，我们可以举出许多例子证明，无论是陈述、命题或是判断，其真值都是可能变化的。

如此一来，根据以上两条要求，无论语句、陈述，还是命题、判断，都不适合作为“真”的载体，即真值的承担者。真值是否变化，取决于如何理解“关于同样的东西说了同样的东西”这样的同一性标准。我们当然可以把相同的话限制在同时性里面，但是人们又会疑问：引入抽象的普遍性的东西意义何在?[③] 哲学的问题本来就是充满争议的，即使无法达到一个完美的结论，我们仍然可以不那么严格地得出一个最适合的结论。从普遍性和客观性的角度来看，命题是最适合作为真的承担者的东西。从命题的真出发，我们可以直接得到陈述的真。而判断，由于包含了人类认知的因素，它是最不适合作为真的载体的东西。当

---

① 参见 Strawson, P. F. “On referring”, *Mind*, Vol. 59, No. 235, 1950, pp. 320–344。又参见［英］苏珊·哈克《逻辑哲学》，罗毅译，张家龙校，商务印书馆 2003 年版，第 100 页。

② 参见［英］苏珊·哈克《逻辑哲学》，罗毅译，张家龙校，商务印书馆 2003 年版，第 100 页。

③ 参见［英］苏珊·哈克《逻辑哲学》，罗毅译，张家龙校，商务印书馆 2003 年版，第 100—106 页。

然，用弗雷格的话来说，判断是从思想到真值的进阶，它不仅仅是把握真，也是承认真。① 而就陈述句而言，因为它一般都有真假值，所以，从外延的角度来看，也可以认为判断是真的承担者。

综上所述，我们要讲的“真”，通常就是说的命题的真或者陈述的真。

第三节　真是什么？

关于“真”是什么？通常认为存在着符合论、融贯论、实用论、语义论、冗余论等不同派别的观点分歧。为了使分析的脉络更加清晰，这里大致采取林奇（Lynch，M. P.）的划分办法，把真的理论分为坚实论（Robust theories）和收缩论（Deflationary theories）两大类。② 前者主张“真”具有一种或多种本质，可以表达实在的属性。后者认为，真不是实体的，真谓词只是作为一个谓词，说一个语句是真的，除了断定它以外就没有别的。由此，“真”的影响其实并没有我们想象的那么大，其作用是可以被削减甚至被取消的。不过，在上述两大划分之下，实质上增添了新的内容。实际上，正是由于有关“真”的所有现存理论都存在着其自身的不完善性，都有着难以解决的困难，所以，“真”的理论才会得到不断地产生和发展。因此，确定任何一种“真”理论为权威都是不太可能的，“真”到底是什么，是留给读者乃至千万学者思考的问题。

在此，我们仅仅粗略地梳理出在真的理论的坚实论和收缩论的划分之下，各自所具体包含着的各种理论，它们的具体内容是什么，有些什么最为基本的主张。希望通过这种办法，能够帮助大家更好和更加深入地来理解和把握“真”。

---

① 参见 Frege，G.，“On Sinn and Bedeutung”，Beaney，M.（ed.），*The Frege Reader*，1997，pp. 158－159。

② 参见 Lynch，M. P.（ed.），*The nature of truth：classic and contemporary perspectives*，MIT Press，2001，p. 4。

下表粗略展示了各理论派别的基本观点及代表人物。

两大划分	具体理论派别	基本观点	代表人物
真的坚实论	符合论	一个命题的“真”，不在于它与其他命题之间的关系，而在于它与事实相符合	亚里士多德、早期维特根斯坦、罗素、石里克、卡尔纳普（早期）、奥斯汀
	融贯论	“真”在于信念集中的融贯关系	扭拉特（Neurath）、布拉德雷（Bradley）、雷歇尔（Rescher）
	实用论	“真”是探究的结果、令人满意的信念，与实际相符	皮尔士、詹姆斯、杜威
	知识论真理说（膨胀论）	“真”是在人的认识条件充分好的时候可得到辩护的东西	达米特（Dummett）、普特南
	语义论	用语义学的方法来定义“真”	塔尔斯基、戴维森、克里普克
真的收缩论	冗余论	“真”是多余的，说“P真”就等于说“P”	弗雷格、兰姆塞、艾耶尔（Ayer）、蒯因
	代语句理论	“那是真的”可以作为代语句，从而“真”被取消	格罗弗（Grover）、坎普（Camp）、贝尔纳（Belnap）
	行为论	“真”的本质在于一种行为，比如同意、真诚的断言	斯特劳森、威廉姆斯（Williams）
	极小主义理论	“真”是模式“命题P是真的当且仅当P”的所有具体化语句的合取	霍里齐（Horwich）

值得一提的是，对“真”的理论的分类，实际上也存在着许多争议，上表也可能存在一些有待思考之处。比如，将斯特劳森和威廉姆斯划为一类，主要是因为他们都从语言行为的立场出发，但实际上他们的理论不可简单归为一类。再比如，蒯因（Quine, W. V. O.）的去引号论在此暂且放在冗余论一栏，其根据是林奇（Lynch, M. P.）的观点[①]，但是实际上牟博早已指出，借助“去引号”这一商标来标志收缩论的当代变体，是令人误解的，去引号的收缩论强调的不是蒯因意义上的消去引号，而是说“真”谓词仅仅起着逻辑——句法作用。[②] 当然，塔尔斯基（Tarski, A.）的理论也可以叫作去引号论，但是他并不打算消除“真”，而是以这种方式来解释“真”。这些问题在此不做详细讨论。这里旨在向大家呈现出尽可能多的关于“真”的讨论，以期将问题的思考引向深入。

一 真的坚实论

（一）符合论

亚里士多德是最早的符合论（Correspondence theory）的代表人物，他在《形而上学》一书中，回答了什么是真或真理：

> 说非者是，是者非，则假；说是者是，非者非，则真。[③]

即是：如果说是者是，则“是者是”真；如果说是者非，则“是者是”假。换言之：当且仅当是者是，“是者是”真。或：

---

① 参见 Lynch, M. P. (ed.), *The nature of truth: classic and contemporary perspectives*, MIT Press, 2001, p. 4。

② 参见［美］牟博《塔尔斯基、奎因和“去引号”之图式（T）》，《哲学译丛》2000 年第 4 期。

③ 这段话的英文表述为：“To say of what is that it is not, or of what is not that it is, is false, while to say of what is that it is, and of what is not that it is not, is true.” 参见 Edited by Barnes, J., *The Complete Works of Aristotle*, Princeton University Press, 1984, p. 957。

“是者是”真当且仅当是者是。

这里的“真”表现为对应事实的一种关系。如果一个思想或命题对应的事实存在，则这个思想或命题就在这样的场合下为真，而且只在这样的场合下为真。例如，考察我们生活的实际世界，“有些人是大学生”为真，“所有人是大学生”为假，“有些大学生是人”为真。对应关系成立即是符合，典型的关于符合的概念解读有两种：一种是维特根斯坦和罗素所提出来的符合即同构，逻辑经验主义者石里克（Schilick）、早期卡尔纳普（Carnap）也赞成这种观点；另一种是日常语言学派哲学家奥斯汀（Austin）以约定为基础而提出来的符合即关联。

维特根斯坦早期创立了逻辑原子论，提出分子命题（如“p或q”）是由原子命题（如“p”）组成的真值函项（函数）。原子命题是对应原子事实的，分子命题则是对应分子事实的。分子命题的真假要由原子命题的真假来决定。① 罗素认为，符合关系必须是信念内容的结构与事实结构之间的同构关系，而同构关系就是一一对应的关系。例如，太阳的体积大于地球的体积，那么我们对于这个句子的信念包含了“太阳的体积”“地球的体积”以及“大于”这三个可以区别的部分。对于罗素来说，这个信念为真当且仅当这个世界中同样包含了由“太阳的体积”“地球的体积”以及“大于”这样的关系组成的事实。② 但是，这种同构关系是很容易被推翻的。比如命题“笑脸在哭脸的左边”包含三个部分：“笑脸”“哭脸”“在……的左边”，而事实☺☹显然只有两个部分。再者，命题始终不同于事实，因为有假的命题却没有假的事实。有时候，一个事实可能对应多个命题，事实使其中一个命题为真，而其余皆为假。

奥斯汀认为，符合关系不依赖于原子论或某种理性语言，它

① 参见［奥］维特根斯坦《逻辑哲学论》，贺绍甲译，商务印书馆1962年版，第57—58页。

② 参见［英］苏珊·哈克《逻辑哲学》，罗毅译，张家龙校，商务印书馆2003年版，第114页。

只是一个介于陈述与事实之间的约定俗成关联性的关系，这样的关系并不要求结构之间有任何同构的关系。对于奥斯汀来说，“太阳的体积大于地球的体积”这个信念为真当且仅当它约定被关联到世界中的某个事实之上，而不理会这个事实的结构是什么样子的。实际上，奥斯汀的说法并不把陈述 p 建立在与事实 p 的符合上，而仅仅说明事实是正如 p 所说的那样，缺乏了一种普遍性。[①]

（二）融贯论

一些逻辑实证主义者主张真理融贯论（Coherence theory），认为真在于信念集合中的融贯关系。纽拉特否认直接检验知觉信念符合事实的可能性，认为对真理的唯一检验是由信念自身内的关系所组成。我们追求知识也就是要不断地调整信念，这样做的目的就在于得到一个尽可能广博的信念集合，如果这个集合是一致的。[②] 按照布拉德雷的理论，实在是一个统一的、融贯的整体。一个无所不包的、完全一致的信念集合才会真正是真的。[③] 那么，信念与信念之间只有具备什么样的融贯关系，才可能使得它们在所要求的意义上是融贯的？雷歇尔（Rescher）认为，这需要提供一个程序，用于从不融贯的和可能不相容的资料中选取一个有特权的集合。[④] 但资料集合可能不只有一个最大一致子集，[⑤] 为了避免这个困难，资料集合的最大一致子集要通过可信性标志进行过滤，将资料分为初始可信的和非初始可信的，以此减少合格的最

---

① 参见［英］苏珊·哈克《逻辑哲学》，罗毅译，张家龙校，商务印书馆 2003 年版，第 115 页。

② 参见［英］苏珊·哈克《逻辑哲学》，罗毅译，张家龙校，商务印书馆 2003 年版，第 117 页。

③ 参见［英］苏珊·哈克《逻辑哲学》，罗毅译，张家龙校，商务印书馆 2003 年版，第 118 页。

④ 参见［英］苏珊·哈克《逻辑哲学》，罗毅译，张家龙校，商务印书馆 2003 年版，第 118 页。

⑤ 一个集合的最大一致子集是说，如果 S′是 S 的一个非空子集，并且 S′是一致的，不是 S′的元素的 S 其他任何元素没有一个能够加入 S′这个集合而不产生矛盾，那么 S′就是 S 的一个最大一致子集。

大一致子集的数目。①

以融贯这个概念来定义真理的一般的形式为：x 为真当且仅当 x 是一组融贯信念的成员。这包含了两层意思：第一，每一真值承担者与其他真值承担者彼此相一致；第二，真值承担者的任一成员由所有其他的成员所蕴含或者支持，或是由其他成员个别的蕴含或者支持。第一条是第二条的必要条件，因为这里的“一致”是指不会从该理论或者该信念群或该语句群导出矛盾的结论。融贯论要求的仅仅是语句与语句之间的关系，而不考虑命题与实在之间的关系。它的最大缺陷在于所解释的范围过窄，除了数学或逻辑系统中的真命题之外，它难以解释自然语言中千奇百怪的现象。

（三）实用论

实用论（Utility theory），就是基于实用主义的关于真的理论，它认为一个概念的意义，是通过运用它而产生的“实验的”或者“实践的”结果来加以确定的。②

按照皮尔士的说法，真理是探究的结果，是与实在相符合的、稳固的信念，也就是那些使用科学方法的人会或也许会同意的意见。

詹姆斯（James）认为，真信念就是好的、方便的或有用的信念，并且可被证实。真信念优于假信念的关键，在于前者不会被证伪，因为经验证据往往很难判断两个相互对立却又各有道理的理论哪个更好，我们就应该考虑便捷性、效用等因素。

杜威（Dewey）则更进一步强调，真理是有根据的，可断定性恰好刻画了那些我们冠之以知识桂冠的信念的特征。③

实用论的观点片面地强调了真的工具性特质，它不是错误的真理观，只是不够全面。它是可以和符合论共存，并作为其补充

---

① 参见［英］苏珊·哈克《逻辑哲学》，罗毅译，张家龙校，商务印书馆 2003 年版，第 117—119 页。

② 参见［英］苏珊·哈克《逻辑哲学》，罗毅译，张家龙校，商务印书馆 2003 年版，第 120 页。

③ 参见［英］苏珊·哈克《逻辑哲学》，罗毅译，张家龙校，商务印书馆 2003 年版，第 120—122 页。

的真理观。

(四) 知识真理论

知识真理论，也称为真的膨胀论（Inflation theory），是从真理的实用论发展而来的。事实上，达米特（Dummett, M.）和普特南（Putnam, H.）都具有实用主义倾向，之所以把他们单独划分为知识真理论，是因为他们从独特的知识论的角度来理解“真”。他们都是在继承或者批判塔尔斯基所提出来的T模式的基础上，发展了以实用主义作为基础的语境论和多元论。[①]

达米特曾将语句分为可决定的和不可决定的两种：前者是指那些我们具有证据或充足的证成以决定其真假的语句，后者是指那些我们没有充分证成以决定其真假的语句。[②] 普特南认为，达米特的观点可能会落入真理相对论，因为不同的人对于同一个语句有不同的证据，从而有不同的真假。普特南在其《拥有人类面具的实在论》一书的前言中说：

> 宣称一个语句为真，也就是宣称在其位置、其语境、其概念框架下它是真的；粗略地说，也就是宣称，在认识条件充足的情况下它能够得到辩护。[③]

也就是说，一个命题p为真，当且仅当若认知主体处在理想的认知情景中，则他相信或者接受p一定是充足证成的。例如，“那里有一把椅子”处于我的研究之中，其理想的认识情境就应该是：有充足的光线，并且我的视觉没有出错，我的头脑没有混乱，我也没有吃药、没有被催眠，等等。在这种情况下我还可以为上述命题作出合理辩护。这里所说的认知主体是超越个别个体

---

① 参见陈晓平《真之收缩论与真之膨胀论——从塔斯基的“真”理论谈起》，《哲学研究》2013年第12期。

② 参见 Dummett, M., *Truth And Other Enigmas*, Harvard University Press, 1978, pp. 1-25。

③ Putnam, H., *Realism with a human face* , Harvard University Press, 1992, p. 8.

的，也就是任何人只要处于理想的认知情景中，都有充足的证成（justification）来相信 p。[①]

普特南认为，为了使塔尔斯基的 T 模式[②]不至于沦为空洞无物的东西，真之理论必须能够给予人们提供一个语句为真或为假的标准，这个标准不一定是传统的形而上学标准。也可以是相对于语言系统或者概念框架来说的。然而，语言系统或者概念框架必定是多元的而非一元的，相应地，真之标准及其密切相关的实在论也是多元的。[③] 这种从一元走向多元的趋势成为普特南理论被称之为膨胀论的依据。

总之，无论是实在论还是真理论，都不是出自于上帝之眼，而是出自于现实中活着的人的观点，最终还是要为人的利益和目的服务的。而对于人的利益和目的来说，一种思想或者理论的可接受性就在于它的合理性，也就是说，它具有有助于达到人的目的的性质。于是，普特南把"真"定义为一种思想或者理论的合理可接受性。[④]

（五）语义论

真的语义论（Theory of semantic truth），即关于真的定义的语义学理论。

当我们一般地考虑我们所说的一个命题为真时，我们想要说什么，或者当我们思考什么是真时，我们想要问的问题是什么。这些都是语义问题，涉及语言与世界之间的关系。

从历史来看，塔尔斯基的语义学理论大概是一直最有影响、受到最广泛赞同的真的理论，其中最主要的原因大概是它能够被运用于大量的形式语言，而是否能解决自然语言的真理问题还有待思考。

塔尔斯基的语义学理论可以分为两部分。首先是真定义的恰

---

① 参见陈晓平《真之符合论与真之等同论辨析》，《哲学分析》2014 年第 1 期。
② 塔尔斯基的 T 模式是塔尔斯基关于真的定义的模式，即"p"真当且仅当 p。
③ 参见陈晓平《真之符合论与真之等同论辨析》，《哲学分析》2014 年第 1 期。
④ 参见陈晓平《真之符合论与真之等同论辨析》，《哲学分析》2014 年第 1 期。

当性条件，这与亚里士多德的符合论一致。塔尔斯基用 T 等式来表示：

T：X 真，当且仅当 p（X＝“p”）。即是

T：“p”真，当且仅当 p。

比如，“雪是白的”是真的，当且仅当雪是白的。任何算作内容上恰当的真定义都必须包含 T 模式的所有事例。当 p 既不真又不假时，等式不成立（左边假而右边不真也不假）。塔尔斯基的内容恰当性条件将至少能排斥某些形式的融贯论，但不能排斥实用论。①

其次是真定义的形式正确性。T 等式应用于日常语言时会导致悖论，比如，“本语句假”当且仅当“本语句假”为假，即本语句真。因为日常语言是语义上封闭的语言，即对象语言和元语言都是一样的语言。所使用的语言，除了它的表达式外，还包含指称这些表达式的手段和“假的”这样的语义谓词。一个形式正确的真定义必须严格区分对象语言和元语言，上述 T 等式中，X 为对象语言，p 为元语言。塔尔斯基把所有不包含语义概念的命题看作基本的对象语言；扩展这个语言使之包含能运用于基本层次的语义概念，但不能运用于它自己的层次的语言为元语言。元语言的表达力不能弱于对象语言的表达力。借助元语言可以避免语义悖论的危险。如本语句假，借助元语言表达就是“本语句在对象语言中是假的”，这就不是悖论了。②

当语句名称是结构描述的名称时，T 模式还可以有另一种表达，这种名称描述了索引指称的语言表达式中所含的字词，并且描述字词所包含的记号以及这些记号与字词的次序。例如，对于 SNOW 这个字词的结构描述如下：由英文字母的第 19 个、第 14 个、第 15 个和第 23 个依序组成的字。这种名称可以不用到引号。

① 参见［英］苏珊·哈克《逻辑哲学》，罗毅译，张家龙校，商务印书馆 2003 年版，第 124—126 页。

② 参见［英］苏珊·哈克《逻辑哲学》，罗毅译，张家龙校，商务印书馆 2003 年版，第 127 页。

一结构描述名称与对应的引号名称所指称具有相同的语言表达。合乎模式T的T—语句，可以用结构描述名称来表达：一个英文语言表达式由三个字所组成，第一个字是由英文的第9个与第20个字母依序组成；第二个字是由英文第9个与第19个字母依序组成；第三个字是由英文第19个、第14个、第15个、第23个、第9个、第14个字母与第7个字母依序组成，是一个真语句当且仅当正在下雪（It is snowing）。

塔尔斯基本人认为，T模式不仅不是而且不能转换成一个真定义。人们可以把T模式的每一个实例都看作一个部分的真定义，因而似乎T模式的所有事例的合取都构成了一个完全的定义，然而不可能给出这样的定义，因为一种语言的语句是无限的。[①] 所以要经过更为曲折的道路才能构造真的定义，并且任何用于定义真的语义概念都应该事先被定义过。[②]

戴维森（Davidson，D.）拓宽了塔尔斯基的T模式，发展出整体主义的语义学。他相信自然语言的意义理论所面临的一系列问题都能被逐一解决。要加强塔尔斯基的真理语义学的可接受性，需要作出三个方面的修正：第一，扩充元语言涉及的范围，需要引入时间、地点以及情景等语词。第二，需要对包含指示词和索引词的语句的真之条件作出说明。如此一来，塔尔斯基的T—语句就从绝对的“是真的”，相对化为“在t时刻、x地点对于说话者x是真的”。第三，用形式和经验的限制条件代替翻译的标准。[③] 实际上，戴维森的理论已经不仅仅在谈论真，而且在更广泛地囊括了整个自然语言的意义方面，这对于我们理解真的绝对性和相对性是有所助益的。

此外，克里普克（Kripke，S.）深入分析了来自莱布尼茨的

---

① 极小主义者霍里奇采用了这种合取。

② 参见［英］苏珊·哈克《逻辑哲学》，罗毅译，张家龙校，商务印书馆2003年版，第129页。

③ 参见Davidson，D.，*Inquiries into truth and interpretation*，Oxford University Press，1984，pp. 149—150。

"可能世界"概念，创建了可能世界语义学，这也是对以塔尔斯基真值语义学为基础的现代逻辑经典语义学的一种扩展。将二者进行比较，可以发现：第一，一阶逻辑的命题联结词的语义解释直接与真相关，量词的语义解释也与真相关，但是利用了"满足"这一概念，这些解释都是依赖于个体域的；而可能世界语义学对于真的说明依赖于可能世界域，不同的可能世界又有各自的个体域，它与一阶逻辑的层次是不同的。第二，一阶逻辑从真假、个体域的角度为语句提供了一种外延的解释；可能世界语义学在此种解释的基础上，从可能世界的角度提供了一种内涵的解释。[①]

二 真的收缩论

（一）冗余论

冗余论（Redundancy theory）是最彻底的真的收缩型理论。弗雷格在1918年的《思想》一文中，曾表达过类似的观点。[②] 就是说，真是多余的，因为谓述一个命题的真，并没有说出比断定该命题更多的东西。例如，说"'玛蒂尔达（Matilda）是一个敏感而又杰出的人'是真的"，只是说玛蒂尔达是一个敏感而又杰出的人，而没有说出更多或更少的东西。"真"不是实在属性，就像"存在"一样。同样，如果我们断定一个命题真，那么我们是把它作为真的来断定的。

冗余论在当代最具代表性的人物是兰姆塞（Ramsey，F. P.），他有这样的论述：谓词"真"和"假"都是多余的，也就是说，它们都可以从所有的语境中消除掉却没有任何语义上的损失。"p是真的"意思就等于"p"，而"p是假的"意思就等于"非p"。[③] 他更愿意用"这是真的：p"（It is true that p）这种说法，

---

① 参见张清宇主编《逻辑哲学九章》，江苏人民出版社2004年版，第362—363页。

② 参见Frege，G.，"Thought"，Beaney，M.（ed.），*The Frege Reader*，Blackwell publisher，1997，pp. 325—345。

③ 参见［英］苏珊·哈克《逻辑哲学》，罗毅译，张家龙校，商务印书馆2003年版，第158页。

而不是用“p 是真的”（p is true）。[①] 兰姆塞认为，实际上并没有独立的真的问题，只有一种语言上的混乱。[②]

冗余论虽然有它的合理之处，比如，可以避免符合论有关个体的事实和性质的困难，并且增减“是真的”这样的语言表达式并不改变原有语句的意思，是很容易被接受和理解的。但是，对“真”的彻底否定引发了许多争议。哈克认为，它没有区分元语言和对象语言，会造成阶的混乱。[③] 格雷林（Grayling，A. C.）认为，它存在着量化的问题。兰姆塞提出要借助二阶量词消除“真的”，例如，“他说的总是真的”被解释为“对所有的 p，如果他断定 p，那么 p”。这里需要对二阶量词进行解释，一种情况是将命题 p 看作量化的对象，那么上述语句最右端的 p 应该是“p 是真的”的省略；另一种情况是理解为“所有‘若他断定 p，则 p’的替换实例都是真的”。可见，无论哪种解释，都不能离开真，兰姆塞的冗余论目标似乎没有达成。[④]

（二）代语句理论

在自然语言中，语词的指代、代词现象是很常见的，格罗弗（Grover，D.）、坎普（Camp，J.）、贝尔纳普（Belnap，N.）继承了布伦塔诺（Brentano，F.，1838—1917）的思想，将指代的思想推广到“真”的讨论中，形成了代语句理论。他们主张：在“它是真的”（It is true）和“那是真的”（That is true）之间，尽管有主谓结构，但实际上都是代语句（prosentence）。[⑤]

上述语言表达式中的“它”和“那”不具有独立的意义，

---

① 参见［英］苏珊·哈克《逻辑哲学》，罗毅译，张家龙校，商务印书馆 2003 年版，第 159 页。

② 参见 Ramsey，F. P.，“Facts and Propositions”，*Proceeding of the Aristotelian Society*，Supplementary，Vol. 7，1927，p. 16。

③ 参见［英］苏珊·哈克《逻辑哲学》，罗毅译，张家龙校，商务印书馆 2003 年版，第 160—161 页。

④ 参见 Grayling，A. C.（ed.），*An introduction to philosophical logic*，Oxford：Blackwell Press，1997，pp. 160 – 161。

⑤ 参见弓肇祥《真理理论——对西方真理理论历史地批判地考察》，社会科学文献出版社 1999 年版，第 95—96 页。

“是真的”也不能单独地分割出来，因此不是真正的谓词。[①]“那是真的”本身被解释为一个代语句，真本身就可以通过这种方式来消除。不过，格罗弗等人在消除“真”之后，引入了“thatt”这样一个东西，其作用相当于“That is true”，只不过是原子的。

此外，说一个命题是真的，并不只是重复此命题，而且还是赞同它。“真的”能使我们赞同他所说的而不需要重复他所说的话，简单地重复他人所说的并不表示赞同他所说的。例如，约翰说：“奥斯瓦尔德（Oswald）刺死了肯尼迪（Kennedy）”。这时，玛丽（Mary）断言（1）“约翰所说的话是真的”，或者（2）“那是真的”，都比（3）“约翰说奥斯瓦尔德刺死了肯尼迪”更具有一般性。而且，（1）中“约翰所说的话”为被指代语句。（2）中的“那”是指代性代词。与（3）不同的是，（1）和（2）都表明赞同约翰所说的。

代语句理论是否真正意义上取消了真，这个问题尚留空间予以思考。不过可以得到的一点启发是，真这个谓词可以使人们谈论没有实际出现而只是间接出现的命题。[②]

（三）行为论

斯特劳森特别从语言行为的视角，提出了关于“真”的完成行为论。他赞同兰姆塞说的断定一个陈述是真的并不是作出另一个陈述，但是对其所补充说明的观点却有所异议。兰姆塞所补充说明的观点是指：一个陈述为真，并不是作出某种不同于或者附加于单纯地说出这个陈述的事情。斯特劳森认为，这里会有“真”和“假”这两个词的用法中的行为成分。根据他的观点，“真的”这个词不同于“红的”“冷的”这种描述词，“真的”是一种“完成行为词”（performatives）。说“p 是真的”不是在说

---

① 参见 Grover, D., Camp, J., Belnap, N.,“A prosentence theory of truth”, *Philosophical Studies*, Vol. 27 (1), 1975, pp. 82 – 83。

② 参见［英］苏珊·哈克《逻辑哲学》，罗毅译，张家龙校，商务印书馆 2003 年版，第 166 页。

什么，而是在做，在发出同意或赞成的信号。因此，“真”的本质，更多地在于做而不是说。①

此外，威廉姆斯②也通过对一些基本语言活动，如断言、信念等与“真”相关联的方式，揭示了“真”与“真诚”在最基本的语言活动——断言中就是联系在一起的。

不过，斯特劳森的这种理论夸大了语言的行为职能，会面临许多难以克服的理论困难。比如，当“真的”出现在疑问句中时，如何看作一个完成的行为呢？再者，一个人在表达赞成意见之前，必定还需要除了行为之外的思维层次的东西。

但是，“真”的行为理论向我们表明，对于“真”的分析，需要将认识论和伦理学的“真”结合起来加以探讨，把“真”放进社会行为中来研究。而且，无论这些观点是否合理，它们都提供了一种带有启发性的新视角。

（四）极小主义理论

什么是真的极小主义理论（minimalism）？霍里奇（Horwich, P.）在他的《真》这本书的“前言”中说：“尽管得到那些有力的支持，所谓的‘真之冗余论’并未受到普遍欢迎；我相信这是因为对它的充分说明从未被给出。本书的目的就是要填补这个空白。”他认为，极小主义理论将是“真”的收缩论中最好的版本。③

具体来说，霍里奇的观点主要包括三个方面：（1）真概念的功能仅仅是允许对某种概括给以表达，例如，我们可以说，“p→p”的每一个例子都是真的；（2）“真”的意义，并不是来自人们所熟悉的那种显定义，而是来自人们的一种推理倾向，例如，从“p是真的”推出“p”，反之亦然；（3）真是一个平庸的

---

① 参见 Strawson, F. P., “Truth”, Michael P. Lynch (ed.), *The nature of truth: classic and contemporary perspectives*, MIT Press, 2001, pp. 447 – 473。

② 这里指伯纳德·威廉姆斯（Bernard Williams），主要研究伦理学、知识论、心灵哲学和政治哲学。

③ 参见 Horwich, P., *Truth*, Oxford University Press, 1999, p. 9。

(trivial) 逻辑概念，它并没有隐藏的结构等待我们发现，也不能解决大量的逻辑、语义和认识论问题，更不能对哲学的理论化起到基础性的作用。①

关于（3），霍里奇的哲学立场和维特根斯坦比较接近，即很多哲学问题都来自于对语言的误用。我们通常会说“玫瑰花是红的”“血液是红的”等。如果我们要追寻“是红的”这个谓词的本质，就可以得到关于光学上的知识——反射光波长为560纳米的东西。同样地，我们通常会说“‘雪是白的’是真的”“马克思主义的断言是真的”等。类似错误的类比，容易让我们以为，“是真的”就类似“是红的”那样具有某种特别的属性，哲学的任务就是要找到这样的属性。但是，霍里奇否认“真”有这样的自然属性。他认为，我们只能知道单个的命题是否是真的，却总结不出“是真的”的一般特性。他把“真”概念理解为一个等值图式：命题P是真的，当且仅当P。②

和塔尔斯基的“真”图式不同，霍里奇主张，真的载体是命题而不是语句。P可以用任何命题代入，但由于命题可以有无穷多个，所以，等值图式也可以得到无穷多的公理，而这些公理之间并没有所谓的一般本性。总的来说，极小主义者是站在一个相对中庸的位置上，不是直接取消“真”，而是希望把“真”概念紧缩到尽可能小的程度，以寻找现代哲学家所能共同接受的最小公约点。③

对极小主义的质疑主要来自三个方面。第一，极小主义将命题而非语句作为真的载体，又运用了塔尔斯基式的等值式。这会遭遇到同样的悖论问题，却无法像塔尔斯基那样区分元语言和对象语言。霍里奇为了避免悖论，也对等值图式作了一些限定：有

---

① 参见陈晓平《真之收缩论与真之膨胀论——从塔斯基的“真”理论谈起》，《哲学研究》2013年第12期。

② 参见王巍《真理论的新进展——最小主义及其批评》，《自然辩证法研究》2004年第2期。

③ 参见王巍《真理论的新进展——最小主义及其批评》，《自然辩证法研究》2004年第2期。

些命题不能代入等值图式。但他却没有进一步规定哪些命题不适用于等值图式。

第二，即使极小主义者在形而上学争论中可以成功地取消“真理”这个概念，他们仍然需要面对一系列的问题。例如，什么是概括？意义和命题又是什么？因为极小主义者认为“真”这个概念主要是用来概括的，而且认为命题、意义优先于真理。如果他们能够给出任何形而上学上的回答，则“真”这个概念的形而上学意涵便会悄然而至。事实上，极小主义者也承认，“真”是命题与实在的符合，但却否认把符合作为“真”的本质。①

第三，关于真与理的问题。“真理”这个概念可能还包括在“真性”以外的东西。以中文里的“真理”概念来说，它包括“真”和“理”，“真性”概念则仅仅分析了“真”，并未涉及“理”。在中国哲学学科中，“理”既可以用来指规律（比如天理），也可以用来指理由（道理）。而且“理”不仅是事实层面的东西，也可应用于伦理的层面。极小主义者仅仅分析了真理的“真”，对“理”则语焉不详。② 鉴于我们对于“真”的不懈追求，完整的概念分析应将“真”与“理”有机地结合起来，哲学家应该对此做出更多的工作。

第四节　什么是逻辑真？

在普遍地讨论了各种真理论之后，我们需要明确一点，我们通常在说“真”这个概念的同时，还说“逻辑真”这个概念。如上所述，命题或陈述是真的承担者，而逻辑真的承担者一般来说不是命题或者陈述，而是命题形式。可以说，逻辑真是一种特殊的类型。首先，逻辑真不是事实真，但当逻辑真作为检验具体思

---

① 参见王巍《真理论的新进展——最小主义及其批评》，《自然辩证法研究》2004 年第 2 期。

② 参见王巍《真理论的新进展——最小主义及其批评》，《自然辩证法研究》2004 年第 2 期。

维是否满足正确的思维的必要形式条件时，它又可以与事实真相联系到一起。我们知道，逻辑研究有效推理，现代形式逻辑建立专门的形式语言来研究思维的形式结构。在形式化公理系统——现代逻辑演算系统中，公理可能与现实世界无关，甚至有些公理通过思维是无法解释的，但却可以用某种方法判定其为逻辑真。

广义上看，逻辑真可以是推理保真——即前提真则结论真，也可以是整个系统的可靠或一致。[①] 而一般来说，逻辑真主要指的是重言式或普遍有效式的真，命题形式是逻辑真的承担者。如果一个命题形式在所有的解释下都为真，则称为永真式，也叫逻辑真；如果一个命题形式在所有的解释下都为假，则称为永假式，也叫逻辑假；如果一个命题形式在有些解释下为真，则称为可满足式。命题形式是从各个不同命题中抽去具体内容后只保留其位置的框架，由命题变项和命题常项组成，例如，“如果 p 那么 q”，F（x），G（x，y）等。命题形式的解释是具体的命题。同一个命题形式，经过不同解释，可以得到不同命题，真假情况也不同。

总之，命题有具体内容，因而有真假；命题形式由于抽象掉了具体内容，所以只剩下形式结构，因此在没有得到解释的时候就没有真假可言。具体地，可以将逻辑真定义为：对象语言 O 中的一闭语句为真，当且仅当它被所有的序列所满足。需要解释的是，开语句仅是一个表达式，它可满足，但没有真假。如“x 是白的”可为雪所满足，不为煤所满足；再如“x 是作家”可为〈沈从文，……〉所满足，不为〈张飞，……〉所满足。闭语句是有真假的语句，即命题，如“存在 x，x 是作家”是真语句，因为它为所有形如〈……，……,〉的序列所满足，因为至少有一个序列如〈沈从文，……〉满足“x 是作家”，而“x 是作家”正是“存在 x，x 是作家”删去量词后得到的。

① 参见毕富生《关于“逻辑真”的再思考》，《自然辩证法研究》第 13 卷，1997 年增刊。

第五章　悖论问题

我们知道，通过各种判定方法，可以确定命题的真假，但是总有些命题不能或者难以确定其真值，这就是悖论性命题，又称为不可判定命题。那么，什么是悖论？悖论有哪些特点，有哪些不同类型的悖论？悖论的实质和根源是什么？关于悖论又存在哪些基本的解决方案？一个比较合理的解决悖论的方案应该具备哪些最基本的要求？这些是本章将要讨论的问题。

第一节　悖论的定义与特征

这里所说的“悖论”，仅指逻辑悖论。悖论这个词在英文中主要有两个称呼，一个是 paradox；另一个是 antinomy。“paradox”是指与通常见解相抵触的理论、观点或说法，一般用来表示超凡脱俗或似非而是的科学论断，相当于一般所说的严格悖论，比如“我正在说的话是假的”。“paradox”有时也用来指越规违理、似是而非的奇谈怪论，比如“所有的话都是假的”这样的半截子悖论。“antinomy”主要指自相矛盾的话语。在英文文献中，用 paradox 来称呼悖论较为普遍，但也有用 antinomy 来称呼悖论的。究竟用其中哪一个来称呼悖论，这与使用者关于悖论本性的认识和对悖论的定义密切相关。

现在来看，人们关于悖论的定义虽然不尽相同，但主旨应该是一致的。一些具有代表性的定义如下：

定义 1：

一命题 B，如果承认 B，可推出非 B，如果承认非 B，又可推出B，称命题B为一悖论。①

定义2：

悖论是由肯定它真，就推出它假，由肯定它假，就推出它真的一类命题。这类命题也可表述为：一个命题A，A蕴涵非A，同时非A蕴涵A，A与自身的否定等价。②

定义3：

如果某一理论的公理和推理规则看上去合理，但在这个理论中却推出了两个互相矛盾的命题，或者证明了这样一个命题，它表现为两个互相矛盾的命题的等价式。那么，这个理论就包括了一个悖论。③

定义4：

一个悖论是一个论证，它使用显然真的前提和显然有效的推理步骤，然而却以一个假的结论为结束。④

定义5：

我所理解的悖论是：从明显可接受的前提通过明显可接受的推理导出了一个明显不可接受的结论。⑤

---

① 《辞海》哲学分册，上海辞书出版社1980年版，第453页。

② 《中国大百科全书（哲学）》，中国大百科全书出版社1985年版，第33页。

③ 张清宇主编：《逻辑哲学九章》，江苏人民出版社2004年版，第195页。

④ Priest, G., "The Logic of Paradox", *Journal of Philosophical Logic*, 1979 (8), p. 220.

⑤ Sainsbury, R. M., *Paradoxes*, Cambridge University Press, 1995, p. 1.

定义6：

> 悖论是指这样一种理论事实或状况，在某些公认正确的背景知识之下，可以合乎逻辑地建立两个矛盾命题相互推出的矛盾等价式。①

定义7：

> 悖论就是指在某理论系统或认知结构中，由某些公认正确或可接受的前提出发，合乎逻辑地推导出以违反逻辑规则的逻辑矛盾或违背常理的逻辑循环作为结论的思维过程。②

归纳上述各悖论定义的思想，可以得到悖论的基本特点如下：

（1）结论违反常识，和人们的直观不符合；

（2）推理过程完全符合逻辑；

（3）推理的前提和所依据的背景知识是明显可靠的。

上述定义1和定义2都是强调悖论的特点（1），即悖论就是指语句P与其否定非P之间可以互推的这样一种理论事实或状况，即$P \leftrightarrow \neg P$，强调悖论的形式方面。定义3、定义4、定义5、定义6、定义7都更强调悖论的特点（2）和特点（3），悖论的前提或依据是真实的，并且推理形式是有效的，强调悖论的本性和本质。③

不能满足特点（1）的悖论，通常称为“半截子悖论”。“半截子悖论”是由古希腊的伊壁门尼德（Epimenides）在公元前6

---

① 张建军、黄展骥：《矛盾与悖论新论》，河北教育出版社1998年版，第108页。

② 沈跃春：《论悖论与诡辩》，《自然辩证法研究》1995年增刊。

③ 参见杨武金《论悖论的实质、根源和解决方案》，《中国人民大学学报》2006年第2期。

世纪提出来的。伊壁门尼德是古希腊克里特岛上的哲学家，他说："所有克里特人都是说谎者"（可用符号 p 或者 SAP 表示）。[①]由 p 真可推出 p 假（因为 p 包括 p 自己），即 p→¬ p。具体推理过程是：SAP→SaP→¬ （SAP），也就是说，如果"所有克里特人都是说谎者"这句话为真，则意味着"所有克里特人都是说谎者"这句话本身也是一句假话。但由 p 假并不能推出 p 真，但可推出 p 假。具体推理过程是：¬ （SAP）→SOP→¬ （SAP），即由 SAP 假并不能推出 SAP 真，但根据对当关系推理，可以推出 SOP 真，再根据对当关系推理，可以推出 SAP 假，也就是根据同一律，可以由 SAP 假推出 SAP 为假。但"半截子悖论"不等于"自相矛盾"，因为"自相矛盾"是指同时断定为真的两个命题是用两个分离的语句表达的，而"半截子悖论"所断定的两个矛盾命题是凝缩在一个语句中或者是从它出发能够推出矛盾的命题或者语句。例如，中国古代的《墨子·经下》就有"言尽誖，誖，说在其言"的记载。即"一切言论是虚假的"是一句虚假的话，因为"一切言论是虚假的"本身也是言论，这里的"言尽誖"属于"半截子悖论"。《墨子·经说下》说：

> 誖，不可也。出（之）入（人）之言可，是不誖，则是有可也。之人之言不可，以当必不审。

誖即假，就是不真，如果这个人说的这句话（言尽誖）是真的，这就是有并不假的言论，则是有真的言论；如果这个人说的这句话不真，则认为它恰当就必然没有考察清楚。令"言尽誖"这句话为 A，则墨家的解悖方案是：如果 A 真，则 A 真并且 A

---

① 这种说法的根据来自《圣经》。《圣经·新约全书·提多书》（*Holy Bible*, *The New Testament*, *Titus*）说："有克里特人中的一个本地先知说，'克里特人常说谎话。'"（英文表述是：One of the Cretans, a prophet of their own, said, "Cretans are always liars"）这个先知就是公元前 6 世纪的伊壁门尼德（Epimenides）。参见《圣经·中英文对照》中文和合本、英文标准版，中国基督教"三自"爱国运动委员会、中国基督教协会 2008 年版，第 371 页。

假，所以，A 不真，所以，A 假。中国古代思想家对于“半截子悖论”所提出来的解决方案，基本上就是认为悖论是一种自我涉及的不能够成立的虚假命题，因为它们在作出否定性的陈述的时候也同时否定了该陈述的自身。[①] 正如成中英所说：《墨子》中的

> 《经》和《经说》已经做出了明确的断定，当一个人反对所有言论的时候，也否定了他做出那个反对的目的。这一归谬论证的阐述清楚地表明了要意识到避免论证中自相矛盾的重要性。[②]

墨家的解悖方案，使用了归谬法，假设了矛盾律。此外，古印度“一切言皆妄”，表达的也是一种“半截子悖论”。[③]

能够同时满足上述三个特点的悖论，尤其是满足（1）的悖论通常称为严格悖论。第一个严格悖论是在公元前 4 世纪由麦加拉学派的欧布里德（Eubulides）提出来的。他说：“如果某人说他正在说谎，则他说的话是真的还是假的?”这句话通过整理，

---

① 亚里士多德关于悖论的说法类似。亚里士多德在《形而上学》中说：“说一切为假的人也使他自己成为虚假的。”英文表述是：While he says everything is false makes himself also false. Edited by Jonathan Barnes, *The Complete Works of Aristotle*, Princeton University Press, 1984, p. 1599。又说：“如果一切命题是假的，则一切命题是假的这话本身也不是真的。”英文表述是：If all are false it will not be true even to say all are false. Edited by Jonathan Barnes, *The Complete Works of Aristotle*, Princeton University Press, 1984, p. 1680。

② Chung-Ying Cheng, “Inquiries into Classical Chinese Logic”, *Philosophy East and West*, Vol. 15. No. 3, 1965, p. 202.

③ 《理门论》说：“如立‘一切言皆妄’。”说的是，有人认为“一切言皆是妄的”。陈那反驳说：“若如汝说，诸言皆妄，则汝所言，称可实事？即非是妄，一分实故，便违有法‘一切’之言。若汝所言，自是虚妄，余言不妄；汝今妄说，非妄作妄，汝语自妄，他语不妄，便违宗法言‘皆是妄’。故名自语相违。”意思是说，如果确实“一切言皆妄”的话，那么这句话本身是否真实？如果这句话本身是真实的，则与“一切言皆妄”的“一切”违背了；如果这句话本身是不真实的，即虚妄的，而同时其他的言语都是真实的，则又违反“一切言皆是妄”的“皆是妄”。所以，“一切言皆妄”这样的话，属于“自语相违”，即自相矛盾。参见中国逻辑史学会资料选编组《中国逻辑史资料选（因明卷）》，甘肃人民出版社 1991 年版，第 130 页。

可以变成："我正在说谎。"① 如果"我正在说谎"这句话真，则这句话为假；如果这句话假，则这句话为真，即"我正在说谎"这句话的真假性是无法确定的。悖论的特点（1）是违反直观、违背常识，欧布里得所提出来的"说谎者悖论"，其违反直观和常识的地方在于：直观和常识认为一个命题的真假性是可以确定的，可说谎者悖论的真假性却无法确定。现在令说谎者悖论的改造形式为：L＝"这句话是假的"。要确定L的真假性，将会导致这样的情况，即"L是真的当且仅当L是假的"。严格悖论用公式来表示，就是："L＝T当且仅当L＝F"。

需要指出的是，半截子悖论在一定条件下，也能够构成严格悖论，即构成矛盾等价式。如前所述，半截子悖论是能够由真推假的，却不能由假推真。但是，如果满足某些特定条件，也可以由假推真。就伊壁门尼德悖论来说，如果增加假定只有伊壁门尼德一个人是克里特人，而且他只说过"所有克里特人都是说谎者"这句唯一的话，或者假定其他的克里特人的确全都是说谎者，则完全是可以由假推真的，从而建立起矛盾的等价式，转变为严格悖论。②

第二节　悖论的种类

一　历史上的悖论

先来看看古希腊的希帕索斯（Hippasus）悖论。这个悖论曾经引起数学史上的第一次大危机，主要原因就是一些数学命题的真假性质在当时被认为是无法判断的。众所周知，古希腊的毕达哥拉斯（Pythagoreans）学派认为，"数"是万物的本原，而且任

---

① 该严格悖论，是由麦加拉学派的欧几里得（Euclid of Megara，BC450－380）的学生欧布里得（Eubulides of Miletus，BC4）提出来的。英文表述是：Does someone lie when saying he lies? 参见 Anton Dumitriu，*History of Logic*，Abacus Press，1977，p. 130。

② 参见张建军《逻辑悖论研究引论》，南京大学出版社2002年版，第3页。

何数都可以表示为自然数及其比。但是，在公元前 5 世纪，毕达哥拉斯学派的希帕索斯却发现了等边直角三角形的斜边不可通约。假设一个等边直角三角形的两直角边的长度为 1，则其斜边的长度就应该是 $\sqrt{2}$。这个数既不能表示为自然数，也不能表示为自然数的比，即 $\sqrt{2}$既是数又不是数。由此引发了数学史上的第一次危机，结果导致“实数”的产生，$\sqrt{2}$是无理数。[①] 无理数是无限不循环小数。有理数和无理数都是实数，都是在数轴上有点的数。

在 17 世纪末到 18 世纪初，牛顿（Newton）和莱布尼茨所发现的微积分，其基础是无穷小量。无穷小量接近于零但又不是零，这也就是无穷小悖论。这个悖论引发了数学史上的第二次危机，结果产生出高等数学即变量数学。1901 年，罗素在康托尔（Cantor，G.）创立的素朴集合论中发现了一个简单而重要的悖论，即通常所说的“集合论悖论”，又称为罗素悖论，引发数学史上的第三次危机。此悖论至今还没有获得完满的或者公认的解决，因而被称作“罗素的哥德巴赫猜想”。我们知道，在素朴集合论中，任何性质都可以构成一个集合（罗素喜欢把“集合”称为“类”）。集合可以分为两种：一种被称为良性集合，即不自属的集合，这种集合其自身不能再是自己的元素；另一种集合是非良性集合，即可自属的集合，这种集合其自身还可以是自己的元素。显而易见，我们也可构造出一个由所有的良性集合所组成的集合，即由一切不自属的集合所构成的集合，用公式表示为：$R=\{x \mid x \notin x\}$。但是，这个集合 R 是否也可以是自身的一个元素呢？如果 R 是自身的元素的话，那么这个集合 R 就不是一个良性集合了，则它就不能是自身的一个元素；如果 R 不是自身的元素，那么这个集合 R 就是一个良性集合，则 R 又应该是自身的一个元素。这就是说，如果 $R \in R$，那么 $R \notin R$；如果 $R \notin R$，那

---

① 参见杨熙龄《奇异的循环——逻辑悖论探析》，辽宁人民出版社 1986 年版，第 10—11 页。

么 R $\in$R。这样，R $\in$R $\leftrightarrow$R $\notin$R。[①]

自罗素在 1901 年提出上述集合论悖论以后，各种语义悖论不断产生出来。比较著名的有理查德（Rechard，J.）悖论、格雷林悖论等。

1905 年，理查德提出“能够用有限字母来表示的不能用有限字母表示的悖论”，即理查德悖论。一个自然数可以用一有限多个字母组成的英语词汇或短语来表示，如“one”（词汇，3 个字母），可以用“the least positive integer”（短语，23 个字母）来表示。现在考虑，“由所有至多用 100 个英文字母就能表示的自然数集 S”，显然，S 为有限集（有穷集），它是自然数 N 的有限真子集。于是，自然数 N 有一个无限真子集 S′，且 S′中有一个首元，即 S′中最小的自然数 a 为“至多用 100 个英文字母所不能表示的自然数中最小的那个自然数”，即“the least positive integer which can not be described in at most hundred letters”。然而，这个短语却只有 67 个字母，故而 a 又是“至多用 100 个英文字母就能表示的自然数”。于是有：至多用 100 个英文字母表示了一个至多用 100 个英文字母所不能表示的自然数，即 a $\in$S′$\leftrightarrow$a $\notin$S′，a 是 S′的元素当且仅当 a 不是 S′的元素。

理查德悖论有几种不同的变形，其中的一种变形给哥德尔（Godël）在证明他的著名的不完全性定理时提供了重要线索。具体来说，如果将自然数的一个个子集的性质一条条地写下来作为相应部分自然数的定义，并把这些定义用自然数来编码，则会出现两种情况：a 是所编的号码和相应的定义所揭举的性质相符，如关于素数的定义碰巧编在第 7 号，而 7 也正好是素数；b 是所编的号码和相应的定义所揭举的性质不相符，如关于奇数的定义却编在了第 8 位，而 8 并不是奇数。

---

① 参见杨熙龄《奇异的循环——逻辑悖论探析》，辽宁人民出版社 1986 年版，第 18—19 页。

1 2 3 4 5 6 7 8 9 10 …

素数 奇数 偶数

a b b

我们把 b 类作为编码的自然数称为“理查德数”，而把 a 类作为编码的自然数称为“非理查德数”。于是，“理查德数是与相应定义不相符的编码自然数”，“非理查德数是与相应定义相符的编码自然数”。那么也应给“理查德数”的定义编码，设为 r。试问 r 究竟是理查德数？还是非理查德数？如果 r 是理查德数，则 r 是非理查德数，因为如果 r 是理查德数，则它是与理查德数的定义相符的编码自然数，故是非理查德数。反之，如果 r 是非理查德数，则 r 不是与理查德数的定义相符的自然数，所以，r 又是理查德数。因此，r 是理查德数，当且仅当 r 不是理查德数。

1908 年，格雷林提出了“非自谓悖论”，也称为格雷林悖论。具体来说，概念可以按是否符合自己（自谓），区分为“自谓”和“非自谓”。“自谓”即符合自己，如“中文的”“字”“自谓”等。“非自谓”即不符合自己，如“英文的”“圆”，等等。那么，“非自谓”究竟是“自谓”还是“非自谓”？如果“非自谓”“自谓”，则它“非自谓”；如果“非自谓”“非自谓”，则它“自谓”。不管怎么说，都会走向自己的反面。①

二 悖论的分类

1925 年，英国数学家兰姆塞在《数学基础》一文中，最早将悖论分为两大类：逻辑—数学悖论和语义悖论。逻辑—数学悖论也称为“语形悖论”，这种类型的悖论不涉及内容，只与元素、类或者集合、属于和不属于、基数和序数等数学概念相关，它们可以用符号逻辑系统的语言来表述，而且只出现在数学当中。语义悖论则是与一些心理学的或者语义上的概念，比如意义、命名、指称、定义、断定、真和假相关，这种类型的悖论并不出现

---

① 参见杨熙龄《奇异的循环——逻辑悖论探析》，辽宁人民出版社 1986 年版，第 22—23 页。

于数学中，它们也许不是源自于逻辑和数学中的错误，而是产生于心理学或者认识论中，关于意义、指称和断定等概念的含混。[①]语形悖论包括布拉里－弗蒂（Burali-Forti）悖论[②]、康托尔悖论[③]、罗素悖论、理发师悖论[④]等。语义悖论则包括说谎者悖论和它们的变种、格雷林悖论、理查德悖论、贝里（Berry，G.）悖论[⑤]等。

兰姆塞之所以将悖论分为两类，是因为兰姆塞简化了他的老师罗素的分支类型论。而分支类型论是1908年罗素为了解决集合论悖论和说谎者悖论所提出来的解悖方案。按照罗素的观点，

---

① 参见陈波《逻辑哲学导论》，中国人民大学出版社2000年版，第230页。

② 布拉里—弗蒂悖论也称为最大序数悖论，是由意大利数学家布拉里－弗蒂，于1897年正式发表出来的。其实康托尔在1895年就已经发现这一悖论。这个悖论是说，序数按照它们的自然顺序形成一个良序集，而这个良序集根据定义也有一个序数Ω，这个序数Ω根据定义应该属于这个良序集。可是根据序数的定义，序数序列中任何一段的序数都要大于这段之内的任何序数，因此Ω应该比任何序数都大，从而又不属于Ω。

③ 康托尔悖论也称为最大基数悖论，由康托尔在1899年发现。该悖论可以表述为：由所有集合所组成的集合悖论。根据康托尔集合论，任何性质都可以决定一个集合，因此所有的集合也可以组成一个集合，也就是所谓的大全集，其基数是最大的（集合的基数是指该集合所包含的元素的个数）。但是，根据康托尔定理，一个集合的幂集的基数必然大于这个集合本身的基数（集合的幂集是指该集合的所有子集所组成的集合）。于是，大全集的幂集的基数又必然大于大全集的基数。

④ 理发师悖论是罗素于1918年出版的《数学原理》一书中，为了更好地说明其集合论悖论而提出来的。即“一个村子里的某理发师（规定）给而且只给任何不给自己刮胡子的村民刮胡子。谁给该理发师刮胡子?”假定该理发师不给自己刮胡子，则依照规定他必须给自己刮胡子，而如果他给自己刮胡子，则依照规定他不能给自己刮胡子，从而建构一个矛盾等价式。然而这个矛盾等价式的得出，只不过是证明了其规定之不符合理性而已，即这种符合规定的理发师是不可能存在的。这说明，理发师悖论只是严格意义上的逻辑悖论的拟化形式而已，这种悖论虽然可以用来启发解决悖论的思路和方法，但与严格悖论仍然存在根本区别。参见张建军《逻辑悖论研究引论》，南京大学出版社2002年版，第9—10页。

⑤ 贝里悖论是由英国包德莱安图书馆的贝里提出来的。这个悖论可以表述为，“用少于100个英文字母不能命名的最小整数”，即“the least integer not describable in one hundred or fewer letters”，这个名称必定指称某个确定的整数，但它是用55个英文字母组成的，因此这个整数可以用55个英文字母来命名。参见张家龙《数理逻辑发展史——从莱布尼茨到哥德尔》，社会科学文献出版社1993年版，第220页。

悖论的产生是由于恶性循环导致的，分支类型论则是把命题函项或者谓词分成不同的阶，从而避免恶性循环。关于分支类型论，我们在后文会有详细的介绍。但罗素的这种解悖方案却遭受到众多批评，因此兰姆塞在罗素的基础上发现集合论悖论与说谎者悖论虽有相似的逻辑构造，但却存在着极大的差别：集合论悖论是可用纯粹的逻辑形式语言表达的，而说谎者悖论更多地涉及“真”和“假”，与所表达命题的语言的意义、命名、指称等相关，也就是与语言的对象与关系方面的内容相关，因而它们是两种性质非常不同的悖论，即语形悖论和语义悖论。[①]

1975 年，克里普克发表《真理论论纲》一文，再次掀起 20 世纪关于逻辑悖论的研究热潮。1978 年，美国哲学家伯奇（Burge, T.）主张将关于态度谓词（“相信”“断定”“认为”等认知模态词）的悖论从语义悖论中独立出来，称之为“认知悖论”或“语用悖论”。

认知悖论的早期形式是“知道者悖论”，最早出现于奥康纳（O’Coonor）在《语用悖论》一文中所例举的“突然演习问题”。说的是，在“二战”期间，瑞典广播公司曾经发出一则通告，宣称下周内将要举行一次防空演习，为了验证备战是否充分，事先没有任何人可以知道这次演习的具体日子，所以，这是一次突然演习。那么，按照通告所说的，该演习将不能在下周的周日举行，因为假如在下周的周日举行，那么演习将会在下周周六被人们所预知到，从而将不再是突然的，这样，“下周”的周日不可能进行演习，同样道理，“下周”的周六至周一都将被一一排除，于是，按照通告所说，演习将不会进行，但是事实上，演习在“下周”周三突然进行了，事先人们也并没有预知到。[②] 后来出现的“意外考试疑难”“绞刑难题”等，都是“突然演习问题”的翻版或者变形。

---

① 参见张建军《逻辑悖论研究引论》，南京大学出版社 2002 年版，第 14 页。

② 参见张建军《逻辑悖论研究引论》，南京大学出版社 2002 年版，第 193—194 页。

知道者悖论所依据的背景知识，是知识论或认知逻辑的基本公理，即知道什么真则什么真（A：$Kp \rightarrow p$），而且认知主体是知道这一点的（B：KA），同时如果从某个前提可以推出某个结论而且又知道其前提为真，则知道结论为真（C：$(p \rightarrow q) \wedge Kp \rightarrow Kq$）。从上述认知公理出发，即可构造出知道者悖论，即知道者语句 N：认知主体知道 N 是假的，即 $N \leftrightarrow K \neg N$。在构造知道者悖论的过程中，需要包含“知道”这样的语义概念，依照兰姆塞的悖论分类法，知道者悖论应该属于语义学悖论，但是，知道者悖论与说谎者悖论之间存在一个重要的区别，这就是“知道”属于表达态度上的谓词，从根本上要涉及认知主体与语句意义之间的关系，也就是要涉及语用的因素，因此，可以看作语用悖论。①

事实上，在背景知识涉及语用因素的悖论不仅限于认知悖论，还包括对策论和公共选择理论领域中可能出现的合理行为悖论。其中，最具代表性的合理行为悖论就是“盖夫曼—孔斯悖论”。盖夫曼（Gaifman，H.）以两个人打赌的形式来构造合理选择悖论，孔斯（Koons，R. C.）在此基础上进行了修改：甲方向乙方提出，乙方可以选择盒子 A（空的）或盒子 B（有 1000 元），但不能两者都选择。甲方保证：如果乙方就此作出一个不合理的选择，甲方将给他 10000 元奖励。我们假定甲方、乙方都是理想的理性人，而且甲方总是能遵守诺言的，并且这些事实构成了甲方和乙方的共识。那么，乙方该如何选择呢？假如我们假定选择盒子 A 是不合理的，那么这样做将会使乙方比选择 B 多得 9000 元，这将使得选择 A 成为合理；反之，倘若假定选择盒子 A 并非不合理，那么选择 A 将至少比选择 B 少得 1000 元，因此，选择 A 最终又是不合理的。由此可得：选择 A 不合理当且仅当选择 A 合理。②

总之，在兰姆塞语形悖论和语义悖论的划分基础上，可以

---

① 参见张建军《逻辑悖论研究引论》，南京大学出版社 2002 年版，第 20 页。

② 参见张建军《逻辑悖论研究引论》，南京大学出版社 2002 年版，第 226—227 页。

从语义悖论中分离出语用悖论。目前所考虑的语用悖论主要包括以知道者悖论为代表的认知悖论和以盖夫曼—孔斯悖论为代表的合理行为悖论。如张建军所指出，与语形悖论和语义悖论相应，我们把认知悖论和合理选择或合理行为悖论，以及所有本质地涉及理性主体的严格悖论统称为“语用悖论”①。

语法悖论、语义悖论和语用悖论，都属于严格意义上的逻辑悖论，都是在根本上涉及语用学概念的背景知识预设下的悖论。如果把这种公认正确的背景知识从日常思维转移到哲学思维和具体科学领域，则可得到各种哲学悖论和具体科学理论悖论。哲学悖论，如古希腊的芝诺（Zeno）悖论、康德（Kant，I.）的二律背反等。中国古代的辩者所提出的悖论基本上都应该属于哲学悖论的范围。

第三节 悖论的解决方案

一 悖论的成因

造成悖论的原因是多方面的。考察悖论的成因，有利于更好地理解和把握对悖论问题的分析和解决。正如苏珊·哈克所言，在试图评价已有解悖方案之前，先弄清楚需要什么样的条件才能构成一种“解决方法”，这是很明智的。②

首先，悖论必然使用自我指称，或者自我相关、自涉、自指等。自我指称，就是说一个总体的元素、分子或者部分，又直接或间接地指称这个总体自身，集合同时又可以指元素，造成恶性循环。③ 比如，中国古代的辩者所提出的许多悖论性命题，“黄马骊牛三”“牛羊足五”“鸡三足”等。“黄马”为元素、“骊牛”为元素，再加上“黄马骊牛”这个集合，总数为三。牛足和羊足都是元

① 张建军：《逻辑悖论研究引论》，南京大学出版社 2002 年版，第 20—21 页。

② 参见［英］苏珊·哈克《逻辑哲学》，罗毅译，张家龙校，商务印书馆 2003 年版，第 171 页。

③ 参见陈波《逻辑哲学导论》，中国人民大学出版社 2000 年版，第 237 页。

素四，加上“牛羊足”这个集合，总数为五。鸡有左足和右足两个元素，加上“鸡足”这个集合，总数为三。“黄马骊牛”“牛羊足”“鸡足”等，都是既可以指称元素又可以指称集合的语词。

自我指称所造成的直接循环就是指，作为一个总体的元素、分子和部分，又可以直接地指称这个总体自身。比如，说谎者悖论“本语句假”这句话中的主语“本语句”，却又用来指称整个语句本身。本来是部分但却同时又可以直接指称整体。自我指称所造成的间接循环是指，它在表面上看起来不循环，但在兜了一个或大或小的圈子之后却又回到了原来的地方，最后依旧是自我指称或者自我相关。比如，明信片悖论说的是，一张明信片的 A 面写着这样的一句话：“本明信片背面的那句话是假的”。翻过明信片，只见背面写着的那句话是：“本明信片背面的那句话是真的”。这里，要确定 A 面话的真假，好像只要知道 B 面的话真不真；但要确定 B 面的话真不真，又要回到 A 面的话，这实际上等于说 A 面自己说自己的话是假的，归根到底是“自指”。[①]

总之，所有的悖论都必然是由于自我指称而造成的，但自我指称却不一定就能造成悖论。比如，“本句话真”这句话就没有造成悖论。因为“本句话真”这句话如果真则真，如果假则假，没有任何悖论。再比如，“本语句是中文语句”这句话肯定是个真句子，“本语句是英文语句”这句话肯定是个假句子。所以，悖论还必定存在第二个成因。

形成悖论的第二个原因，是因为概念或命题的“自我指称”再加上“否定”而构成的“自我否定”。反之，假如没有“自我否定”，即使存在自我指称，也构不成悖论。如上所述，“本语句真”这句话就没有造成悖论。[②]

但是，“自我指称”加上“否定”，是否一定就构成悖论呢？回答是否定的。比如，“本语句不是一个中文语句”，这个句子显

---

① 参见陈波《逻辑哲学导论》，中国人民大学出版社 2000 年版，第 238 页。

② 参见杨熙龄《奇异的循环——逻辑悖论探析》，辽宁人民出版社 1986 年版，第 108 页。

然是一个假句子。这也就是说，构成悖论的“否定”，不是一般的否定概念，而是绝对的否定概念。因此，悖论还有第三个成因。罗素认为，悖论产生的原因在于恶性循环。于是，他提出了著名的禁止“恶性循环原则”，即“凡涉及一个集合全部元素者，它一定不是这个集合的一个元素”[①]。

从根本上说，悖论的产生涉及无穷性。无穷包括潜无穷与实无穷。潜无穷是把无穷的对象看成一个永无止境的过程，强调其过程性。实无穷却把无穷的对象看作一个完成了的整体，强调其完成性。大多数的语法悖论，都是产生于对潜无穷对象做了实无穷的把握，比如罗素悖论就是这样。该悖论可以通过采用罗素自己所提出的禁止恶性循环原则，就可以从根本上得到消解。[②] 所以，不允许对潜无穷对象作实无穷的处理，这是解决逻辑悖论的一个基本方向。

二 悖论解决的标准

如前所述，悖论是一个论证，它依据一定的背景知识和逻辑法则，从一些已知为真的前提出发却推出了互相矛盾的命题，或者在一个命题和它的否定之间可以互推这样一种事实。悖论有三个基本特点：一是推出的结论违反人们的直觉；二是推理过程不违反逻辑规则；三是推理的前提和背景知识是可靠的。就第三个特点来说，由于悖论是一个论证，当然也就要求用来进行论证的前提必须是真实的。

解决悖论的方案很多，有罗素的类型论和分支类型论方案，塔尔斯基的语言层次论方案，克里普克的真理论方案，伯奇的语境敏感方案等。1959 年罗素在《我的哲学的发展》一书中，提出了合理解决悖论的三个必要条件。他说：

---

① ［英］伯特兰·罗素：《逻辑与知识》，苑莉均译，商务印书馆 1996 年版，第 73—74 页。

② 参见陈波《逻辑哲学导论》，中国人民大学出版社 2000 年版，第 241 页。

正当我在寻求一个解决办法的时候，我觉得如果这个解决完全令人满意，那就必须有三个条件。其中的第一个是绝对必要的，那就是，这些矛盾必须消失。第二个条件最好具备，虽然在逻辑上不是非此不可，那就是，这个解决应该尽可能使数学原样不动。第三个条件不容易说得正确，那就是，这个解决仔细想起来应该投合一种东西，我们姑名之为“逻辑常识”，那就是说，它最终应该像是我们一直所期待的。在这三个条件之中，第一个当然是大家所公认的。可是第二个是为一个很大的学派所否认的，他们认为分析的很大一部分是不正确的。那些以善用逻辑而自满的人以为第三个条件是不重要的。①

合理解决悖论，必须满足三个条件：一是逻辑矛盾必须要消失；二是尽可能地使数学原封不动；三是这种解决应当符合“逻辑常识”。按照罗素所提出的上述三个必要条件来衡量，以往所有排除悖论的方案都不能说是完全成功的，因为这些方案都没有能够完全满足上述三个条件。②

罗素所提出的上述悖论解决的三个条件，也可以称为悖论解决的三个标准。关于第一个标准和第二个标准，公理集合论 ZF 系统（策梅娄—弗兰克尔系统）的创始人之一策梅娄（Zermelo, E.）早在 1908 年就曾经提出过类似的要求或原则。他说：“要使得问题得到解决，我们必须一方面使得这些原则足够狭窄，能够排除掉所有矛盾；另一方面又要充分宽广，能够保留这个理论中一切有价值的东西。”③

---

① ［英］伯特兰·罗素：《我的哲学的发展》，温锡增译，商务印书馆 1982 年版，第 70 页。

② 参见赵总宽主编《逻辑学百年》，北京出版社 1999 年版，第 353 页。

③ Zermelo, E., “Investigations in the Foundations of Set Theory I”, Translated by Bauer-Mengelberg, S., in van Heijenoot, J. (ed.), *From Frege to Godël*, Harvard University Press, 1967, p. 200. 转引自张建军《逻辑悖论研究引论》，南京大学出版社 2002 年版，第 30 页。

“足够狭窄”的原则才能够保证逻辑矛盾彻底消失掉，关于“充分宽广”的原则，按照罗素的条件是要“尽可能使整个数学原封不动”，而策梅娄的原则却是要能够保留住原来集合论里“一切有价值的东西”，看起来策梅娄的要求要弱于罗素。但是，如果考虑到策梅娄在建构他的公理集合论的时候，把为整个数学奠定基础作为原来集合论要保留的最为重要的功能，则策梅娄和罗素的诉求在这里又是完全一致的，而罗素所力求的“原样不动”，就是要力求保持在悖论出现之前的数学系统所原有的价值和功能。[①] 罗素说，第二个标准曾经被一个“很大的学派”所否认，这个很大的学派指的就是直觉主义，按照直觉主义的办法虽然可以排除悖论，但却不仅拒斥了超穷集合论，而且使得已知数学的大部分受到毁灭，因而是绝对不可取的。

如果说悖论解决的第一个标准和第二个标准，从根本上说主要是关于数学本体和形式技术方面的问题，那么第三个标准就是关于哲学方面的问题，即要求对所提方案的合理性作出充足的哲学解释。关于这第三个标准，苏珊·哈克在 1978 年出版的《逻辑哲学》一书中作出了比较深入的讨论。她说，悖论就是从无懈可击的前提出发，通过明显无误的推理，却得出了矛盾的结论。因此，悖论的解决方案必须满足两个要求：一是要给出一个无矛盾的形式理论，比如语义学的形式理论或者集合论的形式理论，而且这个形式理论能够阐明哪些表面上无懈可击的推论的前提或者原则是不能允许的（形式上的解决方法）；二是它应该能够解答为什么这些前提或者原则表面上是无懈可击的，但实际上却是有懈可击的（哲学上的解决方法）。因此，悖论的解决方案必须既不能够过于宽泛以致力于损伤到我们必须保留的推论（即“不能因为泄愤而伤己”原则），也可以足够宽泛到阻止全部相关的悖论性论证（“不能跳出油锅却又进了火锅”），而且在哲学层面上，悖论的解决方案所提供的说明必须达到尽可能的

① 参见张建军《逻辑悖论研究引论》，南京大学出版社 2002 年版，第 30 页。

深度。[①] 实际上，苏珊·哈克这里所说的哲学要求或者哲学标准，就是要求提供一种独立于排除悖论之诉求的足够的理由，也就是要通过进行哲学辩护，来充分地说明一种解决悖论方案的“非特设性”或者“非人为性”。比如罗素曾经斥责的蒯因体系就具有这种“非特设性”或“非人为性”。尽管这种“非特设性”或“非人为性”也可能遭到来自以冯·赖特（von Wright, G. H.）为代表的“逻辑保守主义”（认为矛盾律和排中律是逻辑思维的基本法则）立场的质疑，但对于我们把握逻辑悖论的解决仍然具有重要的价值。[②]

总之，足够狭窄性、充分宽广性和非特设性，是我们把握悖论解决方案的三个基本的标准。其中，狭窄性是最基本也是最确定的一个要求或者标准。任何“跳出油锅又进火锅”的方案都不成其为合理的方案。宽广性是基于狭窄性而提出的要求，是一种尽可能的但并非必须的要求。而非特设性则是一种纯哲学上的要求，这种要求如果经过前两条形式技术上的要求检验之后发现存在冲突，则需要诉诸其他哲学依据来进行检验。[③] 这种哲学上的原则或者要求对于我们把握悖论的解决问题具有重要的意义。

三　各种主要的悖论解决方案

自悖论被发现的时候起，人们就开始思考如何来解决它。如前所述，中国古代的墨家学派，在认识到“言尽誖”这句话存在问题后，就运用归谬法（根据矛盾律）论证了其荒谬性或虚假性。古希腊的亚里士多德，根据矛盾律驳斥了“所有话都是假的”这句话的不能成立。中世纪的逻辑学家对说谎者悖论等一系

① 参见［英］苏珊·哈克《逻辑哲学》，罗毅译，张家龙校，商务印书馆 2003 年版，第 172 页。

② 参见张建军《逻辑悖论研究引论》，南京大学出版社 2002 年版，第 34 页。

③ 参见张建军《逻辑悖论研究引论》，南京大学出版社 2002 年版，第 35—38 页。

列语义悖论进行了探讨，提出了拒斥法、限制法、解析法等解决语义悖论的方法。拒斥法认为一个悖论不是一个命题，因为它不能说成是真的或假的，而仅仅是无意义的语句。限制法认为一个命题中的组成部分“是假的”，不可能指称以它为组成部分的整个命题，从而禁止自我指称。限制法相当于后来罗素所提出的分支类型论的萌芽形式。① 历史进入 20 世纪后，随着各种语法悖论和语义悖论的提出，解决这些悖论的方法和方案也层出不穷、异彩纷呈。

（一）公理集合论的方案

如前所述，罗素在 1901 年提出了集合论悖论，也称为罗素悖论，是说所有良性（不自属的）集合所组成的集合悖论。这个悖论主要基于以下四个前提或假设：

（1）素朴集合论中的概括原则，即任一性质可以决定一个集合；

（2）对于任意集合 S，S ∈S 是一个有意义的命题；

（3）任意集合 S 可作为元素属于另外的集合 S′或属于 S 自身；

（4）一阶逻辑是集合论的基础逻辑。

上述第四个前提或者假设，即作为集合论基础的一阶逻辑是不能否定的，所以解决集合论悖论，只能是通过否定前三个前提或者假设来达到。

首先，ZF（C）否定（1）。策梅娄—弗兰克尔系统 ZF（C），是在 1908 年策梅娄系统基础上，经由斯柯伦（Skolem，A. T.）、弗兰克尔（Fraenkel）、冯·诺伊曼（von Neumann，J.）等人改进而成的一个公理化系统，是对素朴集合论的公理化处理的结果。其核心做法是：并非由任意性质能够决定一个集合，而只能在已经形成的集合中由任意性质能够分离出一个新的集合。

其次，BG（C）否定（2）。贝奈斯—哥德尔系统 BG（C），

① 参见张家龙《数理逻辑发展史——从莱布尼茨到哥德尔》，社会科学文献出版社 1993 年版，第 32 页。

是由冯·诺伊曼在1925年提出，通过贝奈斯（Bernays，P.）和哥德尔加以改进而成的。其核心做法是：悖论产生的真正根源不在于使用了过大的集合，而在于让这些过大的集合再作为其他集合或它自身的元素，因此，要避免悖论，必须对集合元素的资格作出更严格的限制，即在集合和真类之间作出区分，前者可以作为其他集合的元素，而后者不能作为其他集合的元素。①

（二）罗素的类型论方案

罗素在提出了集合论悖论之后，又努力思考用来解决这个悖论的各种办法。其中影响最大的就是他所提出的类型论解决方案。这个方案实质上是对前述的集合论悖论所由以产生的前提或者假设（3）加以否定来实现的。

在罗素看来，悖论产生的真正原因在于恶性循环，即自我指称。为此，他提出了简单类型论和分支类型论。所谓简单类型论是说，集合X能够是另一个集合Y的元素，当且仅当Y的类型比X的类型层次恰好多1。具体来说，就是把论域划分为不同的层次或层级：个体（类型0）、个体的集合（类型1）、个体集合的集合（类型2）……等等；相应地，使用类型层次来作变元的下标，使得X_0以类型0为变程，X_1以类型1为变程……等等；然后，形成规则就可以做如下限制：具有$X \in Y$形式的公式是合式的，仅当Y的类型比X的类型层次恰好多1。② 这也就是说，当某一对象的层次并不比某一集合的层次恰好小于1时，说那个对象是该集合的元素，不仅是错误的，而且是无意义的。因此，像"$Xn \in Xn$"的形式是绝对不合式的。

所谓分支类型论说的是，再对同一层次类型的命题和命题函项（函数）进行分阶，并且任何命题或者命题函项都不能是关于

① 参见陈波《逻辑哲学导论》，中国人民大学出版社2000年版，第244—245页。

② 参见［英］苏珊·哈克《逻辑哲学》，罗毅译，张家龙校，商务印书馆2003年版，第174页。

与自己具有同一阶或者较高阶的命题。“真的”和“假的”也要注下标，依它们所应用到的命题的阶次而定，于是，一个 n 阶的命题将是 n+1 阶真的或者假的。这样，那个断定自身是真的说谎者命题就成为不可表达的了，如同不属于自身的一个元素的性质不能在简单类型论中表达一样。①

（三）塔尔斯基的语言层次论方案

如前所述，塔尔斯基认为“真”是一个语义学上的概念，可以用一个 T 等式来表示，即

T：X 真当且仅当 p（X=“p”），

其中，X 为对象语言，p 为元语言。塔尔斯基认为，悖论混淆了语言层次，即悖论产生的根本原因是使用了语义封闭的语言，这种语言不仅包括了它的句子及其表达式，而且包含了这些句子和表达式的名称。句子和表达式的名称即句子和表达式的意义，都用一种语言表达。而一个句子和表达式的名称也用该种语言来表达就容易出现悖论。比如，语句 C：C 不是一个真语句（C 假）。其中，“C 不是一个真语句”这个语句就是 C。

塔尔斯基认为，要避免悖论，必须区分对象语言 O 和元语言 M，对象语言是被谈论的语言，而元语言是用来谈论的语言。当我们说“C 不是一个真语句”这个句子时，这个句子不仅是对象语言，而且是元语言。因为我们谈论的 C 就是这个句子自己。而通过区分语言的层次之后，一个给定层次的真，总是由其下一个层次的谓词来表达，那么，说谎者语句就只能出现在下列的这种无害的形式中：“这个语句在 O 中是假的”这句话自身必须是元语言 M 的语句，因此它不能在对象语言 O 中为真，所以，它只不过是一个假句子而已，并不是悖论。②

塔尔斯基的语言层次论的解悖方案实质上是将语言划分为对

---

① 参见［英］苏珊·哈克《逻辑哲学》，罗毅译，张家龙校，商务印书馆 2003 年版，第 175 页。

② 参见［英］苏珊·哈克《逻辑哲学》，罗毅译，张家龙校，商务印书馆 2003 年版，第 178 页。

象语言和元语言，并且要求两个层次的语言不能混用，从而有效地限制了自指和不恰当的跨语言层次指称的发生，使得悖论得以避免。但是，这种做法虽然排除了语义悖论，但同时也缺乏“充分的宽广性”，如前所述，这种做法排除了过多的无害的语句，这些语句虽然涉及自指但并不会产生矛盾。此外，塔尔斯基语言层次论以及“真”“假”的相对化虽然避免了语义悖论，但是除了这些方面的有用之处外，它们却缺乏直觉的理由，即语言层次论只不过是给出了一种形式的解决，而不是一种哲学上的解决方法。比如，混淆语言层次会导致悖论，但是否区分了语言层次就不会导致悖论了呢？因为在这个语言分层体系中，是否终结于一个统一的元语言？如果没有这样一个元语言，则所有分层的语言的语义概念就缺乏一个最后的支撑点。如果有这样一个元语言，那么它还是一个语义封闭的语言，就还会导致悖论。比如，克里普克曾经给出过这样一个例子。迪安说的话是：

尼克松（Nixon）关于水门事件所说的所有话都是假的。

如果尼克松关于水门事件所说的话中恰好包含后面的这样一句话：

迪安（Dean）关于水门事件所说的所有话都是真的。

根据塔尔斯基的语言层次理论，前一句话可以处于比后一句话更高的层次，而后一句话也可以处于比前一句话更高的层次，那么这两句话到底哪一句话的层次更高呢？确实难以确定，而从这两句话却可以导出逻辑矛盾。[①]

（四）克里普克的真理论方案

出于对塔尔斯基语言层次论解悖方案的不满意，克里普克提

① 参见陈波《逻辑哲学导论》，中国人民大学出版社2000年版，第248—249页。

出自己的真值空缺方案。1975年，克里普克发表《真理论纲要》一文，认为要避免悖论，规定只存在一个真谓词，它可以用于含有这个谓词的语言本身，但这种语言不会导致悖论，其办法是通过允许真值空缺，并使悖论性语句处于这种空缺之中来避免悖论。

克里普克认为，本身不含真谓词，而可以凭某种经验或逻辑——数学手段来确定其真值的语句，就是有根的语句或者含有固定点的语句，这种现象称为语句的有根性。比如，"'雪是白的'是真的"是真的，就是一个有根的语句或是有固定点的语句。"有根性"的直观意思就是：一个语句是有根的，只要它在这个过程中最终获得的是真值。但并非所有的语句都能够按照这种方法获得真值，因为无根的语句就不能获得真值。比如，"这句话假"，"假"为真谓词，因为这句话不存在，为空。这是一个有真值空缺的语句，即"无根"的语句，也即无固定点的语句。悖论性语句就是处于真值空缺中的语句。①

"有根性"的直观概念也可以形式地定义为：假如一个公式在最小的固定点上存在一个真值，那么这个公式就是有根的，否则它就是无根的。悖论性语句都是无根的语句，但并不是所有无根的语句都是悖论性的语句，悖论性语句是不能在任意固定点上都一致地指派真值的语句。因此，"这个语句是真的"是无根的语句，但并非悖论性的，而"这个语句是假的"是无根的语句，同时也是悖论性的句子。因为我们能够为"这个语句是真的"任意指派一个真值，但是我们并不能一致地给"这个语句是假的"指派真值。②

克里普克的真理论方案不同于罗素的解悖方案。在罗素看来，凡是违反禁止恶性循环原则的语句都是无意义的，而克里普

---

① 参见陈波《逻辑哲学导论》，中国人民大学出版社2000年版，第249—250页。

② 参见［英］苏珊·哈克《逻辑哲学》，罗毅译，张家龙校，商务印书馆2003年版，第182页。

克的无根的处于真值空缺的语句则是允许有意义的。克里普克的真理论方案也不同于塔尔斯基的语言层次论方案。塔尔斯基的语言层次论方案认为悖论性语句都是假句子。克里普克的方案与塔尔斯基的方案相比较，确实在某些方面更与人们的直观相符合，但是，克里普克所提出来的内里分层的语言虽然含有自身的真谓词，但却并非一种无所不包的语言，它还需要另外一种没有真值空缺的元语言。因此，像“本语句是假的或者是无根的”这样强化了的说谎者悖论，就无法用真值空缺理论来加以解决。[①]

（五）语境敏感方案

美国当代哲学家伯奇，于1979年发表了《论语义悖论》这篇文章，奠定了语境敏感方案的基础。该方案诉诸语用学的基本概念，改变真值谓词具有固定外延的观念。伯奇认为，克里普克的“真”理论方案和塔尔斯基的语言层次论方案，由于都没有从本质上刻画语言的使用语境的情况，因而都是“语境迟钝方案”。例如，像“我”这样的索引词显然是单义词，但是从不同的人的口里说出来却具有非常不同的外延。像“我很快乐”这个句子，也是有明确的意义的，但在不同的人或同一人于不同的时间说出来的时候，其真值却显然是可以不同的，也就是说，同样一个语句普型（type）在不同的语境所确定的语句殊型（token）的情况下，它们可以具有非常不同的值。类似地，把真值谓词看作具有单一意义而非固定外延，也就是外延为其使用语境之函项的索引词，是与日常思维的素朴直觉完全相容的。而且一旦这样处理之后，说谎者悖论就可以迎刃而解了。而面对“本语句不是真的”这样的语句，我们最初因为由它会导致矛盾而断定它是真的，我们前后所作出的两个断定的相互否定只不过是表面上的而已，实际上这里的谓词“真的”和整个句子的使用语境已经发生了微妙的变化，即前后所说的两个“真”已经具有非常不同的外延。[②]

---

① 参见陈波《逻辑哲学导论》，中国人民大学出版社2000年版，第250页。

② 参见张建军《逻辑悖论研究引论》，南京大学出版社2002年版，第163页。

在伯奇的语境敏感方案的基础上，巴维斯（Barwise，J.）发展出情境语义学方案。情境语义学是在情景理论的基础上产生出来的。情境理论是由巴维斯等来自于认知科学、计算机科学、语言学、逻辑学、哲学、数学等领域的学者及科学家创建起来的跨学科研究理论。情境理论的目的是通过建立一种有关意义与信息内容的统一数学理论，来澄清并解决在语言、信息、逻辑、哲学、思维等方面长期存在的各种问题。将情境理论应用于许多语言问题上，就产生了情境语义学。众所周知，罗素将命题与实际存在的事实相对应，而奥斯汀则根据实际的语境不同，认为同一个语句可以表达出不同的命题。比如，“克莱尔（Clair）有梅花3”这个句子，在罗素的观点看来不包含任何的语境内容，相应的命题由所使用的语句来唯一决定。但从奥斯汀的观点来看，这个句子所表示的命题依据相关的情境不同而不同。设想有两组人在两个不同的地方玩扑克牌，其中马克斯（Max）在跟艾米丽（Emily）和索菲（Sophie）在一个地方玩，而克莱尔和戴娜（Dayna）则同时在另一个地方玩。现在假设有人在看前面的三个人玩扑克牌，并且把艾米丽错认为克莱尔，并且说：“克莱尔有梅花3。”这句话按照奥斯汀的观点将是假的，即使在另一个地方打牌的克莱尔手中的确有梅花3，因为克莱尔并不在现场，因而他关于克莱尔的表述跟当时的情境无关。但从罗素的观点来看，如果在另一个地方打牌的克莱尔手中的确有梅花3，则这个人说的这句话就是真的。

奥斯汀式命题与罗素式命题相比，一个重要的不同点就是奥斯汀命题增加了一个参数即情境s。有了这个情境参数，命题的真假就很不一样了。比如，假设有甲乙两个人在打电话，甲说现在是下午3点，而乙说现在是晚上7点，但是如果他们身处不同的时区（情境不同），则他们所说的话就可以同时为真。再如，假设我们同时看着甲乙两个人，我说甲在乙的左边，而你说乙在甲的左边，我们两个人所说的话完全可以同时是真的，因为我们完全可以是从不同的视角来观察甲和乙这两个人的。[①] 一个奥斯汀式命题 p = {s; T}，事实上是在罗素式命题的基础上通过增加表示情境的参数 s 得到的，即 s 使得语句普型（type）得以明确化，从而得到语句殊型（token），即奥斯汀式的命题 p。

下面，简单分析一下情境语义学对罗素所提出来的集合论悖论的消解。集合论悖论是说，由所有良性（不自属的）集合为元素所组成的集合，即 $z = \{x \mid x \notin x\}$，令 $x = z$，则可得：$z \in z$ 当且仅当 $z \notin z$，矛盾。但是，如果我们定义一个新集合时，必须要有一个已有的集合作为基础，从而保证新定义的集合不要过大，甚至不再是集合，即加入一个集合 a 作为参数，于是有 $z_a = \{x \in a \mid x \notin x\}$。[②] 这时，原先的悖论就已经消失不见了。

不过，挑战也是存在的。伯奇的语境敏感方案和巴维斯的情境语义学方案虽然都具有极大的合理性，但是同样也受到了来自各方面的批评。比如，巴维斯将真值谓词处理为索引谓词的做法，就被批评为“远离直觉”、具有“高度特设性”，等等。[③]

（六）弗协调逻辑的方案

前述诸悖论解决方案，基本做法总的来说都是或者指出前提虚假或者背景知识有问题，或者指出推理的形式无效，或者指出悖论是因为人们的直观或者常识出了问题等，最终都是要指出悖论从根本上来说是不存在的。这些解决方法基本上都是从经典逻辑出发，认为矛盾即假，即要是在一个形式系统中出现了矛盾，那么这个系统就是不协调的，这个系统就是作废的、没有用的系统，自觉或者不自觉地维护矛盾律。他们试图在经典逻辑范围内消解或排除悖论，试图建立协调的即无矛盾的逻辑系统和数学公理系统。在上述思想指导下所提出来的解悖方法，必然是排除悖

---

① 参见 Barwise, J. and Etchenmendy, J., *The Liar—An Essay on Truth and Circularity*, Oxford University Press, 1987, pp. 171 - 172。

② 参见 Barwise, J. and Etchenmendy, J., *The Liar—An Essay on Truth and Circularity*, Oxford University Press, 1987, p. 173。

③ 参见张建军《逻辑悖论研究引论》，南京大学出版社 2002 年版，第 160—179 页。

论的方法，即着手将矛盾和悖论从一切逻辑系统中排除出去。

不过，罗素的类型论解悖方案，虽然排除了一定范围内的悖论，但是必然会缩小科学研究的范围。有的解悖方案不符合人们的常识。面对现实中的不协调性，经典逻辑的解决方案通常是把包含矛盾或者不协调性的语句或公式当作不合格语句或公式简单地加以排除。但是，一味地排除悖论的方法在具体科学研究中往往存在着很大的困难。这种情况下，人们提出了弗协调逻辑的肯定性的解悖方案，也就是容纳悖论的方案。他们认为，悖论也许是我们的思维甚至是外在世界中固有的，是我们永远也摆脱不掉的。对于悖论，正确的态度也许不是拒绝它，而是学会与它相处；当出现矛盾时，更合理的办法也许是仍然让它们留在理论系统之内，但把它们圈禁起来，不让它们任意扩散，危害我们所创立或研究的理论系统，使它们成为不足道的。

可以说，弗协调逻辑学家采用了全新的逻辑眼光看问题。在他们看来，悖论有各种情况。有的悖论产生于无效推理或者错误的前提，但也有许多悖论事实上就包含着真矛盾。因此，悖论并非总是非排除不可的。关于矛盾和悖论，应该作出具体的分析，而不能简单地加以排除或消解。

弗协调逻辑学家把矛盾区分为两类不同性质的矛盾：“有意义的矛盾”和“无意义的矛盾”。后者是指在形式系统内部会导致扩散，使系统内的任何公式都变成定理，这种矛盾是必须排除的；但是前者却是“有意义的矛盾”，则是指在不协调形式系统内可以合法存在，并且不会扩散，不会危及整个系统的“矛盾”。弗协调逻辑面对不协调语句，采取了比较客观的态度，即承认“有意义的矛盾”存在的客观现实，认为应该修改和调整的是经典逻辑。

根据对矛盾和悖论的种类的分析，弗协调逻辑学家认为，矛盾和悖论可以分为形式的和非形式的。形式的悖论是指对形式系统而言的悖论，主要包括形式悖论和形式的二律背反两类。理论 T 中的一个形式悖论，是指在该系统中可以推出形如 A 和非 A 的两个定理。理论 T 中的一个形式的二律背反是一种元逻辑证明。在一个包含形式的二律背反的理论 T 中，任何公式都是定理，这样的理论 T 显然是不足道的，没有意义的。对于上述两类相对于系统而言的悖论，弗协调逻辑学家认为，在一个不协调形式系统内部，导出形式悖论作为定理是允许的，但导出形式的二律背反则是不允许的。包含形式的二律背反的理论是不足道的，没有元逻辑的重要性，但是包含"形式悖论"的系统或理论则并非不足道、并非没有意义，而是恰当的、有价值的、有意义的。"形式的二律背反"作为无意义的矛盾应该被排除；但形式悖论则可以被容纳。

非形式的悖论可分为三类。一是日常悖论，其特点是"听起来荒谬，然而却有一种论证支持它"。包括"似非而是"和"似是而非"的两种具体情况。二是实际的二律背反，也就是从公认的原则出发，根据被接受的推理方法而导致自相矛盾。这就是逻辑学中公认的"悖论"，前面已经给出了它的各种表述。三是黑格尔论题。这是由保加利亚的辩证论者彼得诺夫，在《黑格尔真矛盾论题》这篇文章中所提出的关于存在现实矛盾的论题，相当于辩证矛盾命题。彼得诺夫认为，经典逻辑中的矛盾律不应当被绝对化，悖论当然违背了矛盾律，但背离矛盾律并不一定就是不真实的。[①] 形而上学者往往将同一律、矛盾律、排中律绝对化了。

关于日常悖论的解决方法有两种。即对于"似是而非"的论题需要指出"支持其论证本身是个谬误"。例如，关于"零"的除法问题。假设 $X=1$，那么 $X^2=1$，从而 $X^2-1=X-1$。如果两边同时除以 $X-1$，就可以得到 $X+1=1$。既然 $X=1$，所以 $2=1$。该论证中存在着被掩盖的谬误。因为当 $X=1$ 时，等式 $X^2-1=X-1$ 的两边是不能除以 $X-1$ 的，否则等式是没有意义的。对于"似非而是"的论题，则需要指出这个悖论性的结论为真。比如，一个 20 岁的人却只过了 5 个生日。这听起来似乎令人觉得不可思

① 参见 Arruda, A. I., da Costa, N. C. A. and Chuaqui, R., "A Survey of Paraconsistent Logic", *Mathematical Logic in Latin America*, North-holland, 1980, pp. 1－40；又参见桂起权《次协调逻辑的悖论观》，《安徽大学学报》（哲学社会科学版）1992 年第 1 期。

议，但这在事实上却是真的，那就是我们所说的那个人生于闰年的2月29日。这是一种矛盾的特殊性。[①]

对于“实际的二律背反”这类悖论，在经典逻辑的范围内来看，我们除了拒绝接受某些传统的公认原则外，看来还没有其他的解决办法（因为从经典逻辑的眼光看来，逻辑推理上并没有错误）。弗协调逻辑则认为，“实际的二律背反”这种悖论，虽然在本质上是矛盾的，但是它们多半在事实上却是真的，所以，根本用不着担心如何克服和避免这些矛盾的问题。

澳大利亚逻辑学家普里斯特（Priest, G.），称“形式悖论”和“实际的二律背反”这类悖论为“真矛盾”（dialetheia），将能够容纳“真矛盾”的弗协调理论称为“真矛盾论”（dialetheism）。“真矛盾”（dialetheia）是由普里斯特和卢特列（Routley, R.，后改名为Sylvan, R.），为了更好地表达他们的真矛盾思想所发明的希腊单词，它的意思是指形如“A且非A”的真陈述。[②]真矛盾论的根本观点认为有真实的矛盾存在，而包含真矛盾的语句也称为悖论性的句子，悖论性的句子是既真又假的句子。普里斯特认为，从语义的角度而言，既要承认有的句子是或真或假的句子，又要承认有的句子是既真且假的语句。真而非假的句子可以称作“单真的”句子；假而非真的句子可以称为“单假的”句子；既真又假的句子则可以称为“悖论性的句子”。普里斯特认为，所有语义上封闭的形式化理论都是一种包含悖论性句子的理论。他在考察了哥德尔的不完全性定理和塔尔斯基的语义学理论之后指出，过去的公理化和形式化系统全都没有能够完全刻画素朴证明程序，因为有些句子在形式系统内是不可证的句子，但却可以用素朴的推理来进行证明。素朴证明之所以超出了原有的形式证明，是因为它使用了语义上封闭的语言。所以，关于素朴证

---

① 参见桂起权《次协调逻辑的悖论观》，《安徽大学学报》（哲学社会科学版）1992年第1期。

② 参见Priest, G., Routley, R., Norman J., *Paraconsistent Logic: Essays on the Inconsistent*, Philosophia Verlag, 1989, p. XX。

明的正确的而且具有语义完全性的形式系统，必定是一种在语义上封闭的理论，因此它也必定包含着悖论性的句子，也就是说任何素朴证明的刻画都必定包含着悖论。[①] 普里斯特因此指出："我们应当接受悖论，学会和悖论一起好好相处。"[②] 主张容纳作为真矛盾的悖论的逻辑系统。普里斯特在1979年发表的《悖论逻辑》一文中，建立了一个相干弗协调逻辑系统LP，该系统是以t（恒真）、f（恒假）和p（真且假）为基础的一个三值逻辑系统，所用的真值表与克林（Kleene，S. C.）的三值逻辑的真值表基本相同，不同之处仅在于对真值的不同解释，普里斯特取t和p为特指值，其中p取值既真又假，表明了系统LP是一个包含真矛盾的悖论逻辑系统。

总之，弗协调逻辑这样一种容纳悖论的解决方案，并不是如克里普克的真理论方案那样认为悖论性语句是没有真值的，也不像经典逻辑那样认为悖论性语句必须或者真或者假，而是认为悖论性语句虽然没有经典的真值，但却存在着某种非经典的真值。弗协调逻辑解决方案的本意是希望在我们的理论出现矛盾时，不是像否定性解决方案那样对矛盾采取极端的拒斥态度，而是让矛盾或者悖论留在理论体系之内，只要它们不妨碍我们的理论体系或者使得我们的理论体系变得不足道。弗协调逻辑的解悖方案是在力求克服经典逻辑的解悖方案所存在的局限性的情况下提出来的，是解决悖论的十分重要的方法，它对于悖论的彻底解决将起到根本性的促进作用。[③]

---

① 参见赵总宽主编《逻辑学百年》，北京出版社1999年版，第353页。

② Priest, G., "The Logic of Paradox", *Journal of Philosophical Logic* 8, 1979, p. 219.

③ 参见杨武金《辩证法的逻辑基础》，商务印书馆2008年版，第190页。

第六章　模态问题

如前所述，命题有各种不同的类型，但从根本上可以分为实然命题（非模态命题）和非实然命题，即模态命题。实然命题具有真值函项性，即只要变项的值确定之后，整个命题的值即可确定，但模态命题则不具有真值函项性，即使变项的值确定了，也不能因此就可以确定整个命题的真值。模态命题的真值需要由模态词即模态概念的含义来加以确定，这就是可能世界语义学问题或者模态问题。

第一节　模态逻辑及其特征

> 现代逻辑是以经典数理逻辑为核心并以精确化、系统化即形式化为特征的逻辑学科群体。①

现代逻辑一般是指以弗雷格、皮尔士、罗素等人所创立的以一阶逻辑作为其基础的一系列逻辑体系，所以一阶逻辑一般也被称为经典逻辑，而模态逻辑则是在经典逻辑的基础之上通过考虑模态概念而演化出来的现代逻辑。所以，经典逻辑又可以看作模态逻辑的基础。在此，为了对模态逻辑开展进一步的梳理和分析，我们先来简单介绍一下经典逻辑的构成。

经典逻辑语言包含两个类别，一类是逻辑符号；另一类是非逻

---

① 赵总宽、陈慕泽、杨武金编著：《现代逻辑方法论》，中国人民大学出版社1998年版，第209页。

辑符号。逻辑符号由命题联结词和量词两个部分组成，其中命题联结词一般有：¬ 、→、∧、∨、↔。其分别对应日常语言之中的“并非”“如果……那么……”“并且”“或者”“当且仅当”。命题联结词是对日常语言中的部分命题联结词的逻辑抽象，譬如，用“p”和“q”两个符号表示初始命题，那么“p→q”就对应了我们日常生活之中的“如果 p，那么 q”这样的命题，其他命题联结词的情况也是如此。在一阶逻辑之中，有两个量词，分别是全称量词∀和存在量词∃。量词的使用一般与个体相联系，比如$\forall_X$表示：所有的事物 x；$\exists_X$表示：至少有一个事物 x。非逻辑符号虽然也具有丰富的价值，但是并非是一阶逻辑所主要探讨的东西。此外，由于模态逻辑等现代逻辑是基于经典逻辑的特殊性，所以，它们在非逻辑符号方面的情况和经典逻辑几乎没有区别，区别主要体现在逻辑符号的区别上。

模态逻辑就是在经典逻辑的基础上发展出来的，其与经典逻辑的主要区别在于，模态逻辑在经典逻辑的基础上加上了□和◇两个逻辑符号，分别对应日常语言中的“必然”和“可能”。而模态逻辑就是研究这种“含有模态词的命题的逻辑特性及推理关系的学科”①。对于模态逻辑问题的讨论，亚里士多德早在《解释篇》和《前分析篇》中就通过大量的篇幅进行了讨论，但这种讨论尚未通过数理逻辑的视野来对模态逻辑问题进行探讨。通过数理逻辑的方式来对模态逻辑进行研究的方法，最早开始于美国逻辑学家刘易斯，刘易斯由于对经典逻辑中的实质蕴涵不满意，认为需要在经典逻辑系统中添加一个新的算子来丰富《数学原理》中的模型，而新的算子就被他定义为必然蕴涵，这就促使他创建了五个严格蕴涵系统 S_1、S_2、S_3、S_4、S_5，从而成为现代模态逻辑的创始人。这种将模态词限定为“必然”和“可能”的模态逻辑，通常称为狭义模态逻辑或者理论模态逻辑。在此以后，冯・赖特于 1951 年发现，模态之间的关系还可以推广到其他的概念之中，并且相应地提出了“应该”“知道”等几对其他可能成立的模态概念。受冯・赖特这

① 参见陈波《逻辑哲学》，北京大学出版社 2005 年版，第 314 页。

种思想的影响，模态逻辑又发展出了道义逻辑、认知逻辑等广义的模态逻辑或者实践模态逻辑。

如前所述，模态逻辑与经典逻辑除了逻辑符号上的区分以外，还有着相当大的实质上的差异性。在经典逻辑中，命题的真假是由其组成部分的真假来决定的，如“p→q”这样的一个蕴涵关系，该命题的真假取决于 p 和 q 两个命题变元的真假，仅当 p 为真，且 q 为假时，“p→q”才为假，这也称为实然命题或者非模态命题的真值函项性。而在模态逻辑之中，命题的真假则不能完全由其组成部分的真假来决定，而是要依托于可能世界来判断其真假情况。这也就是说，非模态命题具有真值函项性，而模态命题则不具有真值函项性。具体情况如下：

p	□p
1	?
0	0

如果 p 为假，则□p 当然假。因为一个命题不能既假又必然真。但是如果 p 是真的时，我们并没有足够的理由来断定 p 是必然真的。如果 p 仅仅是偶然真，则□p 为假；如果 p 是必然真，则□p 就是真的。

p	◇p
1	1
0	?

如果 p 为真，则◇p 当然真。因为一个命题不能既真又可能假。但是如果 p 是假的时，◇p 的真值又如何呢？或者真或者假，依赖于命题本身的情况。如果 p 是不可能的，则◇p 就是假的；但如果 p 是偶然假的，则◇p 为真。①

① 参见 Layman, S. C., *The Power of Logic*, Mountain View: Mayfield Publishing Company, 1999, pp. 463 – 464。

第二节　可能世界及其内涵

关于可能世界的探讨，我们首先从模态词“必然”和“可能”谈起。□和◇二者作为逻辑符号，是自然语言经过形式处理过后存在的，即其本身包含作为自然语言的意义。必然和可能在自然语言之中的用法众所周知，譬如“在地球上抛出一个铁球，它最终必然会下落”“这个珠宝可能是真的”，等等，但是如果仅从现实世界角度去对必然和可能进行理解，会发现这种词汇除了语气作用以外并不具备别的力量。例如，在现实世界之中，“在地球上抛出一个铁球会下落”和“在地球上抛出一个铁球必然会下落”之间，并不存在除却语用的强调意味以外的区分。实际上，在现实世界中，抛出一个铁球它就一定会下落，那么“在地球上抛出一个铁球必然会下落”中的“必然”一词在语形上似乎是多余的，因为在现实世界中不存在别的可能性，那么“必然”一词在此便显得多余。同时也可以这样来看，“必然”一词预设了有别的不可能存在的可能性，例如，“在地球上抛出一个铁球，它会向上飞”，这就是一个在现实世界中不可能存在的可能性。同时，“可能”一词也具有同样的问题，例如“这个珠宝可能是真的”，可以看作这个珠宝在真与假之间不确定。但实际上，在现实之中，珠宝一定是有真假的，即珠宝一定是真的或者一定是假的，因为在现实世界中，事物必然只具有一种可能性，所以关于它的断定不可能既真又假。而“可能是真的”，也只是具有语用的价值而不具有形式的价值，那么，可能性的存在便不仅仅只局限于我们的现实世界之中。我们可以设想，在某一个类似于现实世界的可能世界之中，存在着珠宝是假的，即珠宝在现实世界中是真的，但是它在另一个可能世界中是假的。同理，对于“必然”中的不可能存在的可能性的考察，也应当诉诸其他的可能世界，仅当考察在其他的可能世界中存在着某种“在地球上抛出一个铁球，它会向上飞”这样一种情况的可能性是不可能的情况下，“必然”才能被看作为真并且我们才认为“必然”是有意义的。就这层意义上来讲，可能世界是对可能性问题和必然性问题进行深入研究以后，所必需的一个新的“世界”。

可能世界这个概念，最初是由莱布尼茨提出来的。他认为，要是一个事项 W 是可能的，当且仅当 W 自身不会包含逻辑矛盾。一个由事项 W_1、W_2、W_3……所形成的组合是可能的，当且仅当由 W_1、W_2、W_3……不会推出逻辑矛盾。而经由无限多的事项和事物所组成的可能事件的集合，就是一个可能世界。可能世界又存在有无限多个，他认为，我们所生存着的现实世界就是一个可能世界，而且我们这个经由神造的世界必定是无数多的可能世界中最好的那个，而必然性和可能性问题就是通过可能世界来进行讨论的。[①] 莱布尼茨认为：

> L_1：一个命题是必然的，当且仅当其在所有的可能世界中都为真；
>
> L_2：一个命题是可能的，当且仅当其在至少某一可能世界中为真。

莱布尼茨的观点认为，可能世界仅仅表示一种逻辑上的一致性，即所有不包含逻辑矛盾的世界都是可能世界。不过，也有别的观点认为：

> 可能世界包括我们能想象的任何世界，也就是我们能想象的任何一个世界都是可能世界。我们的现实世界只是可能世界中的一个。[②]

上述定义对于直观地理解可能世界有所帮助，但是也有人

---

① 参见陈波《逻辑哲学导论》，中国人民大学出版社 2000 年版，第 136 页。

② 王雨田主编：《现代逻辑科学导引》（上册），中国人民大学出版社 1987 年版，第 525 页。

认为它作为一个定义并不准确也不严格，因为它借助了心理学上的术语来给可能世界下定义。如果我们如此这般来定义可能世界，之后再通过可能世界来解释逻辑的概念，实则就是把逻辑学建立在心智主义的基础之上了，而这正是逻辑学家所力求避免的。①

除却上述两种对于可能世界的定义以外，还有一种观点认为，可能世界是不可定义的，也是不可分析的，因为它本身就是关于可能世界语义学的初始概念。持有这种观点的人较为典型的是刘易斯，他主张，如果我们需要向人们解释什么是可能世界的话，

> 只能先请他承认他所认识的现实世界是何类事物，然后，我们解释说，其他可能世界就是那类事物的增加或者减少，这两者的区别不在于种类，仅仅在于它们内部发生的事情是不同的。②

刘易斯的这种观点表明，对于可能世界我们无法直接地进行认知或者定义，而只能通过举例的方式去进行认知。就这个角度来看，我们也可以看出，在刘易斯的眼里，可能世界在现实世界的类别上是等同的。

关于可能世界是否具有本体性地位的讨论，从未停止过。大致可以分为实在论、概念论和工具论三种不同的观点。

实在论以刘易斯为代表，他认为，可能世界概念是不可定义的、不可分析的。在刘易斯这里，可能世界被看作一个完全独立于我们的意识之外的一个客观实体，是实际存在的，不需要额外的基本概念去定义，因为它和我们所处的世界一样是完全真实的

---

① 参见陈波《逻辑哲学导论》，中国人民大学出版社 2000 年版，第 165 页。

② Lewis, D.,"Possible Worlds", Loux M.（ed.）, *The Possible and the Actual: Readings in the Metaphysic of Modality*, Ithca: Cornell University Press, 1979, p. 184. 又参见陈波《逻辑哲学导论》，中国人民大学出版社 2000 年版，第 165 页。

实存者。[①] 所以，与莱布尼茨不同，刘易斯认为可能世界是否具有逻辑上的一致性是无所谓的，因为它本身的客观性就决定了它的存在并不以我们的意志为转移。所以，可能世界是不能通过逻辑的一致性（可能性）来定义的，因为可能世界本身就是为了定义逻辑的可能性的，因此，这样的论证不过是循环论证而已，同时，由于可能世界的实体性地位，这样的论证也是没有必要的。

概念论以克里普克为代表，他认为，可能世界并不是完全等同于现实世界而存在的那样一个客观的世界，而是基于现实世界的实际情况来设想“非真实情况”所存在的世界，或者可以称之为“现实世界可能的存在方式”，这个世界是一个非现实的世界，是现实世界可能的一种存在状态，是借由我们能思维而设想的一个虚构的世界，克里普克将之称为“世界的可能状态”。[②] 基于克里普克的这一定义，我们可以看出，在克里普克这里的“可能世界”，是某种与现实世界相关联的，是基于现实世界可能存在的状态而存在的一种抽象的实体。将之与实在论观点进行对比，我们可以发现，概念论的观念将可能世界的定义，从超脱于人类思维之外的客观性上，拉回到基于现实世界和人的思维双重作用进而得以成立的概念可能世界上，将可能世界与人的思维及现实世界之间的距离进一步拉近。

工具论以卡尔纳普、欣迪卡（Hintikka）等人为代表，他们认为，可能世界并不是存在着的，只不过是为了处理命题的真假及其真假关系的一种技术手段而已。这是因为只有经由“可能世界”这一概念，我们才能够解释模态命题中存在的“必然”和“可能”的问题。所以，对于可能世界的真假问题，逻辑学家们根本不必去对它进行讨论，因为一个仅仅作为技术手段存在的工具，是不具有实体地位也不需要去探讨的。在他们看来，可能世界只是一个术语，而其背后实际所谈及的其实是某种语言的实体

---

① 参见 Lewis, D., *Counterfactuals*, Harvard University Press, 2001, pp. 85 – 91。

② 参见［美］索尔·克里普克《命名与必然性》，梅文译，涂纪亮、朱水林校，上海译文出版社 2005 年版，第 156 页。

性。卡尔纳普所主张的“状态描述”和欣迪卡所主张的“模型集”，几乎都等同于他们各自认为的可能世界，而这两者都是“极大的语句集”，所以在工具论的思想中，可能世界根本不具有本体性地位。①

通过以上诸多逻辑学家的研究和探讨，“可能世界”这个概念较之莱布尼茨所提出的时候，已经有了一些重要的改变。

首先，可能世界所研究的范围变得更为精准。

在莱布尼茨的观点中，一个命题是必然的，当且仅当它在所有的可能世界中都为真。但现在由于以刘易斯为代表的实在论观点，导致一个命题试图在所有可能世界中都为真变得困难，因为在刘易斯的思想之中，可能世界是跳脱于我们的现实世界的，不受任何主观因素的制约，是实际存在的，从而导致莱布尼茨所提出的可能世界中逻辑不矛盾的观点不能成立。那么，一个逻辑命题如果存在于一个存在逻辑矛盾的世界之中时，该命题就是不成立的，那么一个命题的必然性问题就无法得到探讨。在这个问题上，根据克里普克概念论的思想，可能世界是基于现实世界所构想出来的各种不同的可能情况，这就限定了一点，即可能世界是与现实世界存在联系的，从这一角度上看，必然性和可能性的问题还是可以得以解答的，即可能世界与现实世界之间是具有相似的联系性的，在这种联系性之上，才能够保证对于可能世界的研究具有意义。但是，我们并不能因此就完全否定刘易斯关于可能世界的实在论观点，因为我们并不能排除可能世界客观存在的可能性。同时，对于如前所述的逻辑矛盾的可能世界的存在，我们与其持有反对态度，还不如预设其存在。那么，为了使得对于可能世界的研究具有意义，使得必然性和可能性问题能够得以研究和解决，可能世界的研究范围就一定需要受到限制。简单来说，就是我们只研究相互之间具有联系的可能世界。也就是说，我们在研究逻辑问题的时候，那些不具有逻辑一致性甚至根本不存在逻辑的世界可以不予讨论，而仅研究存在逻

---

① 参见陈波《逻辑哲学导论》，中国人民大学出版社2000年版，第167页。

辑，并且具有逻辑一致性的可能世界。这就使得一个命题仅需要在与之相关的可能世界中都为真，那么我们就可以说该命题是必然的。这里，我们可以将莱布尼茨的 L_1、L_2重新表述为：

L'_1：一个命题是必然的，当且仅当它在与其相关的所有可能世界中都为真；

L'_2：一个命题是可能的，当且仅当它在与其相关的至少某个可能世界中为真。

这样，就可以使得可能世界研究的范围更准确，也更具有意义。

其次，必然性和可能性的概念变得相对化。

必然性和可能性的真假性来源于命题的真假性，同时命题的真假性又依托于其对应的可能世界域。在莱布尼茨的可能世界观念中，我们可以发现，由于可能世界被定义为无数个逻辑不矛盾的世界，那么必然性和可能性的问题在莱布尼茨的可能世界概念中就是绝对的。一个必然命题在莱布尼茨的可能世界定义中一定是必然的，但是随着可能世界的现实论和概念论思想的出现，必然性和可能性的概念变得不再是绝对的。如前所述，对于可能世界问题的研究，已经从一概而论的探讨所有的可能世界，转变为研究相互之间具有联系的可能世界，这导致了必然性问题和可能性问题不再绝对化。因为必然性和可能性问题在这一情况下就演变成了在相关联的可能世界中的必然性与可能性，而不再是原来意义上的可以囊括一切可能世界的绝对必然性和可能性。那么，我们对于必然性和可能性的探讨就变成了：研究在某个互相联系的可能世界域中的必然性和可能性。

第三节　跨世界的同一性问题

我们已经探讨完毕可能世界是什么，那么接下来我们需要更进一步探讨的问题是，在现实世界中存在的一物 X，何以在其他的可能世界中被看作同一的。如同以下的句式：

$\exists(x)\Diamond F(x)$（存在一个 x，它可能是 F）

或者：

$\Diamond F(y)$（y 可能是 F）

上述句式的真值条件分别是“在现实世界中存在一个个体 x，它在某个可能世界中是 F”，“在某个可能世界中个体 y 是 F”。从这样的真值条件可以看出，我们必须能够在不同的可能世界中辨明出同一个个体，才能够去考量一个模态句式的真假。例如，思考一下，存在着一个“柏拉图是个屠夫”的可能世界。那么在这个可能世界里面，我们如何能够辨明，这个“柏拉图”和我们现实世界中的“柏拉图”是同一个人呢？为了更便于理解这个问题，我们再进一步提出一个假设，在可能世界 W 中，存在着这样两个人，其中一个是个牧羊人不是屠夫，但是长得和柏拉图一模一样；而另一个是个将军不是屠夫，但是也和柏拉图长得一模一样。在这种情况下，我们将谁看作与现实世界中的柏拉图所同一的那个“柏拉图”呢？

跨世界的同一性问题，到目前为止仍然未有定论，逻辑学家和哲学家们争论不休，彼此间存在相当大的分歧，主要在以下几个问题上存在着争论。

第一，跨世界的同一性是一个伪问题。持这种观点的哲学家们认为，跨境（世界）识别问题根本就是不存在的，是一个伪问题。欣迪卡和刘易斯等人都是这种观点的持有者。

欣迪卡本身的工具论思想使得他认为：

跨境识别问题显示出一个严重的错误，许多哲学家近来成为这一错误的牺牲品。他们被“可能世界”一词弄糊涂了，按照它的表面价值去理解它。这是一个可悲的错误。①

在欣迪卡看来，“可能世界”只不过是一个比喻的说法，只不过是为了研究必然性和可能性问题所构想出来的一个假想背景，并不是一个真正的世界，所以跨世界的同一性问题根本就是不存在的。②

刘易斯从他的实在论的观点出发，主张由于每一个可能世界都是和现实世界一样完全真实的，所以，其中的任何一个个体都只能是限界个体（World-bound individual）。也就是说，任何一个个体都只能存在于其所对应的那个可能世界之中，不可能出现在别的世界。所以，刘易斯从根本上就否定了跨世界的同一性问题，但是，他又提出了一个副本（counterpart）的概念。副本是指，虽然任何一个个体只能存在于其所对应的可能世界中，但是它在其他世界却可以有相对应的副本。如此，“柏拉图（Plato）是个屠夫”这个判断的真值，并不取决于是否于某个可能世界中存在着一个是屠夫的柏拉图其人，而是在某一个可能世界中柏拉图的副本是一个木匠。③

第二，跨世界的同一性是不可能实现的。这一观点与前一观点的不同之处在于，虽然都认为跨世界的同一性是不可能实现的，但是却认为跨世界的同一性是可能世界理论的一个非常重要的问题，是必须要解决的。唯有解决了这个问题，可能世界理论才能够得以成立。所以，在这一基础上，这一观点的持有者认为可能世界理论也是不可能成立的。

该观点的较为具有代表性的人物是齐硕姆（Chisholm）。他认为，跨境个体违反了莱布尼茨所提出来的同一不可分辨性原则。④

---

① Bogdan, R. J., *Jaakko Hintikka*, Dordrecht: Reidel, 1987, p. 57.

② 参见陈波《逻辑哲学导论》，中国人民大学出版社 2000 年版，第 169 页。

③ 参见陈波《逻辑哲学导论》，中国人民大学出版社 2000 年版，第 170 页。

④ 参见 Loux, M. (ed.), *The Possible and the Actual: Readings in the Metaphysic of Modality*, Ithca: Corness University Press, 1979, pp. 80 - 87。

这一原则说的就是：对于任意对象 a 和 b，如果要说它们是同一的，那么其中一个所具有的属性另一个也必须具有，反之亦然。[①]公式如下：

$(\forall a)(\forall b)(a=b) \rightarrow (F(a) \rightarrow F(b))$

但是，显而易见，一旦跨世界的个体出现，这个原则就受到挑战。例如“柏拉图是柏拉图自身”，这是一个毋庸置疑的真理，但是一旦跨越了世界，这个真理就会出现问题。我们设想两个世界 W_1 和 W_2，如 W_1 中的柏拉图和 W_2 中的柏拉图具有完全一样的性质，这是不可能的。因为情况一定是，W_1 之中的柏拉图所具备的是 W_1 的性质，而 W_2 之中的柏拉图所具备的是 W_2 之中的性质，二者绝非是等同的。直观来看，如前文提到“柏拉图是一个屠夫”，这是指在某个世界中，存在着一个作为屠夫的柏拉图，但是在现实世界中，柏拉图是一个哲学家，于是我们显而易见地就可以发现，即使两个世界的柏拉图完全一样，但是其属性上确实不同，一个是屠夫，一个是哲学家。由此，就会发现，莱布尼茨所主张的同一不可分辨性原则在这里遇到了反例。要解决这一问题，只有两个途径：其一是否定莱布尼茨原则；其二是否认跨界个体的存在 。前者会受到绝大部分逻辑学家的反对，因此比较合理的解释只能是后者：同一个事物不能跨越不同的世界而存在。[②]

齐硕姆还认为，逻辑学中毋庸置疑的同一性传递关系在跨境个体上也说不通。同一性传递关系是指，若 x 同一于 y 且 y 同一于 z，那么 x 同一于 z。但是，如果跨境个体得以存在，即使我们假设它与莱布尼茨的同一不可分辨性原则不矛盾，它也会与同一性传递关系相矛盾。例如我们设想两个个体，柏拉图 x 与苏格拉底 y，假定 x 与 y 服从莱布尼茨原则，再假设在世界 W_1 中，x 具有特性 A、B、C、D，y 具有特性 E、F、G、H。假设每次跨越世界时 x 和 y 之间交换一部分属性。进行 4 次交换，每次结果如下：

---

① 参见陈波《逻辑哲学导论》，中国人民大学出版社 2000 年版，第 171 页。

② 参见陈波《逻辑哲学导论》，中国人民大学出版社 2000 年版，第 171 页。

W_2：x 具有 E、B、C、D，y 具有 A、F、G、H。

W_3：x 具有 E、F、C、D，y 具有 A、B、G、H。

W_4：x 具有 E、F、G、D，y 具有 A、B、C、H。

W_5：x 具有 E、F、G、H，y 具有 A、B、C、D。

由于我们假设了莱布尼茨所主张的原则是成立的，那么在W_1中的 x 同一于在W_2中的 x，在W_2中的 x 同一于在W_3中的 x，在W_3中的 x 同一于在W_4中的 x，在W_4中的 x 同一于在W_5中的 x。如此，再根据同一传递原则，在W_1中的 x 应该同一于在W_5中的 x，但是实际上在W_1中的 x 并非同一于在W_5中的 x，而是同一于在W_5中的 y。这一结果所导致的问题就是，要么莱布尼茨原则不能成立，要么就是同一性传递关系不能成立，要么跨界个体不存在。要想解决这个三难问题，就必须要来探讨个体的本质属性。①

第三，跨世界的同一性与跨境个体的本质有关。持这一观点的哲学家认为，跨境个体必然是存在的，而且是可以识别的，他们的依据就是这些个体在不同的可能世界中所共同具有的本质。由于这种观点已把事物所具有的属性区分为本质属性和非本质属性作为前提，所以也称为本质主义。克里普克就是现代本质主义的积极倡导者，他认为一个或者一类事物所具有的必然属性就是其本质属性，这种必然属性可以经历所有的可能世界的变化而保持不变，从而使得事物保持其自身的同一性。对于这种本质的探求，克里普克提出了因果起源说和内在结构说两种情况来进行论证。② 前者针对个别事物，后者针对一类自然事物。例如，柏拉图是经由他的父母的精子和卵子相互结合而形成的受精卵发育而来的，所以这个受精卵就构成了柏拉图的本质。一口铁锅是由铁

① 参见陈波《逻辑哲学研究》，中国人民大学出版社 2013 年版，第 203—204 页。

② 参见陈波《逻辑哲学导论》，中国人民大学出版社 2000 年版，第 172 页。

所制成的，所以铁锅所由之起源的铁就是它的本质性。而对于一类自然事物的本质性，他则主张是由该类事物的全体所共同具有的内在结构所决定的，比如，水是 H_2O，所以 H_2O 就是水的本质。[①] 而辨别跨境个体就要通过事物的本质属性来进行。比如说，在某个可能世界中，由柏拉图父母的精子和卵子结合的受精卵发育而成的柏拉图，没有经历过教育，甚至不识字，最后成为一名屠夫；而另一位名为阿拉丁（Aladdin）的人除却不是由柏拉图父母的精子和卵子结合的受精卵发育而成的以外，做了所有现实世界中柏拉图所做的事情，但他也只是阿拉丁，而不是柏拉图，因为他不具备柏拉图的本质特征。所以，一旦我们能够把握住事物的本质，那么跨世界的个体就一定是存在的，是可以进行研究的。

对于跨世界同一性的问题，我们较为支持的是本质主义的观点，因为可能世界问题的意义性是毋庸置疑的，如果可能世界的问题是不存在的或者是没有意义的，那么必然性和可能性的问题也将变得没有意义，这显然是不可能的。那么，作为可能世界理论所派生出的跨世界同一性问题也必然是有意义的，并且，跨境个体是一定存在的，否则，所有的个体都仅被局限于自己所存在的可能世界之中，那么每个世界之间便不存在任何的互通，每个可能世界之间毫无联系，就会导致任何的语句仅能刻画其自身所在的世界中的个体和事态，那么任何语句都不可能在多个可能世界中为真，这就会导致必然性问题失去意义。同样地，可能性问题也会失去意义，更进一步地说，如本章第二节所述，所有的必然和可能语句都失去其作用，成为一个纯粹的语气词，仅仅具有强调和语用的意义，与之相关的模态逻辑也无法再进行研究。并且，虽然欣迪卡和刘易斯认为跨世界的同一性是伪命题，但是却都从某种程度上对这个问题进行了探索，譬如欣迪卡提出的“局部跨界识别”及刘易斯个体的副本概念，都是对于这个问题从另

① 参见陈波《逻辑哲学导论》，中国人民大学出版社 2000 年版，第 56 页。

一个角度进行的解答。我们认为，跨世界的同一性问题一定是需要解决并且能够加以解决的，解决的方法还是诉诸其本质属性，但是我们需要对事物的本质进行更加深入的研究和阐明。唯有在对于各个个体的本质进行了更加清晰和精准地把握的状况下，我们才能够精准地识别跨境个体的存在。

第七章　存在问题

命题的真假确定牵涉到命题主项或者主词的存在与否问题。如果一个直言命题的主项所指称的对象不存在，则这个命题就会变得没有意义，从而也就谈不上真假。那么，直言命题主项的存在性意味着什么？直言命题的主项所指称的是所断定的事物对象，这个事物对象的存在性也就是本体问题，即有什么的问题。关于存在性问题，历史上存在着唯名论和实在论的长期的激烈争论。那么“存在”或“有”究竟是什么？究竟是什么东西存在？

第一节　存在是什么

存在问题即本体论问题，是关于存在之作为存在的学问。用蒯因的话说，其中心问题是“What is there?”即“有什么?”[①] 虽然本体论（ontologia）这个概念是到了17世纪才出现的，人们公认这个词是由17世纪德国哲学家郭克兰钮（Gocleneus，R.，1547—1628）提出来的，但是作为本体论问题来说，则在古希腊哲学家中间就已经做了比较充分的讨论。当时人们既用这个概念来表达“关于存在的科学”，也用这个概念来表达“关于诸存在物的科学”。本体论既要研究“本体”，也要研究“现象”，所

---

① 参见涂纪亮、陈波主编《蒯因著作集》第4卷，陈启伟、江天骥、张家龙、宋文淦译，中国人民大学出版社2007年版，第13页。

以，本体论的研究更合理的说法就是存在论的研究。[①] 当代哲学家海德格尔（Heidegger，Martin，1889—1976），认为古希腊哲学家当他们说“某物是”或者“某物存在”的时候，他们所说的主要是“有东西在场”，有“在场”，也就有“在场者”，它们之间的差别其实也就是“存在”和“存在者”之间的差别。[②] 古希腊哲学家对存在及本体和本原问题的追问是一个共同的主题，他们的争论主要集中在真正的存在是一般还是个别的问题。这个问题在中世纪演变为了唯实论和唯名论之间的争论。而这个争论首先又是从上帝存在问题的争论开始的。

一　中世纪关于“上帝存在”的本体论证明

“上帝存在”这个问题的争论是在中世纪产生的。中世纪哲学家对这个问题的讨论，是从讨论“上帝是”（God is）这个命题开始的，也就是上帝对摩西（Moses）所说过的一句话：“我是我之所是。”（I am who I am）[③] 这里的“是”，应该是表示连词，还是表示谓词“存在”（existence）。许多哲学家主张后者，由此展开了关于“上帝存在”（God exists）的本体论证明。

奥古斯丁（Augustine，St.，354—430）是教父哲学的集大成者，他首先从知识论的角度对上帝存在进行论证。奥古斯丁在柏拉图主义思想的影响之下，将知识分为三种类型：第一种是人们只能相信、不能或者不需要理解的知识，例如人们关于历史事实的知识；第二种是关于相信和理解同时起作用的对象的知识，比如在相信数学公理和逻辑规则的同时也理解了它们；第三种是只有先信仰，然后才能被理解的知识，比如关于上帝的道理的知识。上述三种知识形成了一个由下到上的等级关系。奥古斯丁由

---

① 参见张志伟、冯俊、李秋零、欧阳谦《西方哲学问题研究》，中国人民大学出版社 1999 年版，第 12—13 页。

② 参见张志伟、冯俊、李秋零、欧阳谦《西方哲学问题研究》，中国人民大学出版社 1999 年版，第 59 页。

③ 王路：《走进分析哲学》，生活·读书·新知三联书店 1999 年版，第 116 页。

此认为，理性拥有严格意义上的知识，即真理和理性。而且关于心灵所拥有的知识的来源，他提出了三种不同的情况，即来源于心灵自身的知识之下、来源于心灵自身的知识之中和来源于心灵自身的知识之上。奥古斯丁分别对之作出分析：其一，知识的来源不能低于心灵自身，也就是说真理是作为判断的规则的，它绝不能处于低于理性的被判断的地位；其二，知识也不能来源于心灵自身之中，因为理性绝不能从自身之中产生规则。他由此得出结论认为，假如真理既不低于也不来源于人们的心灵，那么它就一定是来源于人的心灵之上，它肯定比人的心灵更高级、更优越。这样的真理就是赋予了人类理性的规则，从而使人的心灵能够认识真理，也就是认识上帝。这就是他的知识论证明。①

实际上，奥古斯丁对上帝存在的本体论证明也有所阐发，其论证可以重构如下：

前提一：人们通过记忆能够回忆起来的东西就是存在的。

根据前提一可得：记忆能够回忆起幸福，因此幸福存在。

前提二：人的最大的幸福就是来自于真理的快乐。

结论一：真理是存在的。

前提三：上帝就是真理。

结论二：上帝是存在的。

安瑟尔谟（Anselmus, St. , 1033—1109）被称为“经院哲学之父”，他提出的本体论论证非常著名。众所周知，安瑟尔谟的论证受到柏拉图的影响，认为只有在人的脑子里能想到的东西才有资格称为“存在”。同时，安瑟尔谟依据亚里士多德的“三段论”，运用概念内涵演绎和形式逻辑的推理方式，来展开对上帝

① 参见袁野、孙晔《中世纪关于上帝存在的证明——理性与信仰》，《辽宁行政学院学报》2011 年第 7 期。

存在的本体论证明。他的论证过程是这样的：

> 我们把“上帝”定义为最大可能的思维对象。假如这个思维对象不存在，那么另外一个和它恰恰相似，而确实存在的对象，是比它更加伟大的。因此，一切思维对象的最伟大者必定存在，因为不然，就有可能还有一个更伟大的对象。因此，上帝存在。①

显然，在这里，存在是一个谓词。即在我们自己的思想里面，本来就有一个“绝对完美的”实体概念，而且这个“完美的”所包含着的就是存在，因此，上帝是存在的。而且单就“上帝”这个词本身来说，它作为一个名的本质，就包含了存在。所以，上帝存在于我们的观念中，存在于我们的思想中，当然也就存在于实体中。②

托马斯·阿奎那（Aquinas，T.，1225—1274）将亚里士多德哲学与基督教神学相结合，他从宇宙间的具体事物出发，也就是从经验事实出发来推测其原因。他在《神学大全》一书中，提出了关于上帝存在的五种论证。

第一种论证是动力因。必然有一个最终的存在者，推动着其他事物，而它自身是不运动的。这个不动的推动者就是上帝。

第二种论证是因果性。在一切“他因”的事物的尽头必然存在一个“自因的存在者”，其原因就在于它自身，同时它又构成万事万物存在的“第一原因”。这个“第一原因”即上帝。

第三种论证是必然性与偶然性。世界上所有的个别的存在物都是偶然的和可能的，但是有一个绝对的必然的存在者为其中的根据，也就必然有一个永恒的存在。所以，上帝存在。

---

① 参见胡龙彪《中世纪逻辑、语言与意义理论》，光明日报出版社 2009 年版，第 221—222 页。

② 参见袁野、孙晔《中世纪关于上帝存在的证明——理性与信仰》，《辽宁行政学院学报》2011 年第 7 期。

第四种论证是完善性。世界上的万事万物都具有其不同程度的完善性。而这种有缺陷的完善性，必然又是以某种最完善的东西为判断标准和原因的。这个至善的存在者即上帝。

第五种论证是目的因。世界上的万事万物都是朝向一个目的有规律地运动着，并且使得整个世界具有合目的性。这个最终的目的即最高智慧就是上帝。①

托马斯对上帝存在的五种论证，不仅确立了上帝在神学以及哲学领域内的存在，更重要的是，让上帝以信念的方式直达人的内心，让人们内心给上帝留个位置，即信仰。

总之，中世纪关于上帝存在的本体论证明表明，上帝是人们心目中存在的一个对象，存在是一个谓词，存在这个词是可以用来谓述上帝这个对象的。

二　康德对“上帝存在”的本体论证明的反驳

关于“上帝存在”的本体论证明，哲学家们提出了各种不同的反对意见。其中，来自康德的批评是传统哲学家中最为著名的。② 他说：

> “是”显然不是真正的谓词，即不是一个关于任何某种能够加在一个事物概念上的东西的概念。它纯粹是一事物的位置，或是某种自身的规定。在逻辑使用中，它仅仅是一个判断的连词。③

在康德看来，“是”是表示连词的，并不表示什么谓词“存在”。

---

① 参见袁野、孙晔《中世纪关于上帝存在的证明——理性与信仰》，《辽宁行政学院学报》2011 年第 7 期。

② 参见王路《走进分析哲学》，生活·读书·新知三联书店 1999 年版，第 116 页。

③ 转引自王路《走进分析哲学》，生活·读书·新知三联书店 1999 年版，第 116 页。

康德批判哲学的出发点就是对以往旧有存在论的质疑与应对，康德著名的“哥白尼式的转向”正是对哲学存在论疑难的应对。他明确地意识到了以往存在论证明的疑难和困境。他指出，旧哲学就是将其思想前提和根据都建立在世界的二分性之上，因此就必然会预先摒弃掉“感性世界”的真实性，从而使得不真实的“感性世界”不能对自身存在的根据展开证明和推演，从而堵塞了哲学通向真理的道路。如此一来，“感性世界”自身的真实性和现实性，也就完全地被剔除在了哲学或形而上学的存在论视域之外。①

康德通过对旧有的存在论疑难的洞察，指出了近代两大哲学流派即经验论和唯理论的内在困境并尝试从根本上去破除这一疑难。从康德的观点来看，经验论囿于经验论的立场，难以将一切知识都还原为感觉经验，更无法进一步追溯感觉经验的来源。唯理论则试图从“自明的基本原则”出发，以推演出关于“存在者之存在”的知识的大全，然而却陷入了“二元论”的困境。因此，无论经验论还是唯理论，最终都只能是以上帝的存在作为最终的调和。②

康德对“上帝存在”的本体论证明给出了明确的反驳。根据本体论证明，由于有最真实的存在之概念，那么它必然存在。无论这个最为真实的存在是什么，它一定包括所有的促成其伟大性（greatness）或真实性（reality）的谓词。康德反对这个论证的著名论点就是“存在不是一个谓词。”认为“是”是表示连词的，并不表示什么谓词“存在”。康德把“是”看作把主项和谓项连接起来的概念，这是从传统逻辑出发的观点。康德通过区分实际的 100 元和非实际的 100 元来说明。认为在这二者之间，概念上讲没有区别。存在对于 100 元的概念没有增添丝毫东西。所以，

---

① 参见聂海杰《存在论视阈下康德哥白尼式革命及其困境》，《吉首大学学报》（社会科学版）2013 年第 5 期。

② 参见聂海杰《存在论视阈下康德哥白尼式革命及其困境》，《吉首大学学报》（社会科学版）2013 年第 5 期。

当某人说“100 元存在”时，他并没有将它的一种谓词指认出来，而仅仅是“假定”了某人有这 100 元而已。声称“最真实的东西一定存在”，仅仅是假定了它的存在。这不是一个关于这个东西的本质的性质，因为存在不是一个谓词或者性质，所以它也不可能是某个本质（essence）的性质。①

康德对于旧有哲学存在论的破解就是他的哥白尼式的哲学转向，这一转向的必要前提和设定，就是将自在之物和现象绝对区分开来。他表示，我们从两种不同的意义来设想对象，即或者设定为现象，或者设定为自在之物本身。康德保留了传统哲学形而上学的超越性品质，即既独立于经验之外却又不直接衍生于经验之中，同时又通过二分的先验划界的方式来限制哲学形而上学的超验性的范围。基于这个设定，康德认为：

> 迄今为止，人们假定，我们的一切知识都必须遵照对象；但是，关于对象先天地通过概念来澄清某种东西以扩展我们的知识的一切尝试都失败了。因此，人们可以尝试一下，如果我们假定对象必须遵照我们的认识，我们在形而上学的任务中是否会有更好的进展。②

总的来说，康德的“哥白尼式革命”，就是要通过颠覆旧有的存在论结构，从而在破解哲学形而上学的存在论疑难和困境的同时，先验地恢复成其所摒弃和撇除了的来自现象界的感性世界的实在性。对康德来说，感性世界中的所有对象都仅仅是现象而已。而且，经由哥白尼式转向所确立的先验范畴及其原理的演绎，不但没有把经验的实在性变为假象，反而避免了以往的柏拉图主义者所摒弃掉的感性世界的实在性，从而产生一系列的

---

① 参见张志伟、冯俊、李秋零、欧阳谦《西方哲学问题研究》，中国人民大学出版社 1999 年版，第 58 页。

② ［德］康德：《纯粹理性批判》，第 2 版前言，李秋零译，中国人民大学出版社 2004 年版，第 15—16 页。

先验假象的唯一办法。这也就构成了康德的“哥白尼式革命”的直接动机和根本契机。这里，康德的存在论预设已经将旧有的“存在者整体”，二分成自在之物和现象。“自在之物”所对应着的是最高意义上的存在者整体，“现象界”所对应着的则是最具有普遍意义上的存在者整体，康德称之为现象的集合的“自然”。①

三　布伦塔诺的观点

德国哲学家布伦塔诺在 1874 年指出，“存在”这个词和“有些”这类词之间有一种特殊的关系。例如，“有个人病了”等同于说“一个病人存在”；肯定“一头牛存在”，也就等于肯定“有的东西是牛”。因此，以“有些”开头的句子等同于关于存在的句子，它们在实质上都是一个量化式，“有些”称为“存在量词”。②

确立知识的方法，也来源于对存在的基本见解和看法。对于康德将物自体与现象界二分开来的选择，布伦塔诺给予了批驳。在布伦塔诺看来，康德在单一逻辑层面，人为地将物自体和现象界两个概念分离开，但是先天知识的实际发生过程却是伴随着物自体与现象界两者的互动同在的。在此基础上，布伦塔诺批判了康德的“物自体不可知”。

在哲学史上已经形成了一个普遍结论，即将知觉区分为内知觉与外知觉。当笛卡尔与洛克认识到内知觉与外知觉的差别时，康德却对这一差别视而不见。恰好是这一视而不见，让康德坚定了自己对于“物自体不可知”的信仰。但在布伦塔诺看来，“内知觉的自明性是不可置疑的”，正是这种自明性所显示出的关于某事物的知识，证实了“物自体的知识的可能与真实”。

何为物自体？依照布伦塔诺的观点，物自体并非不可捉摸，

---

① 参见聂海杰《存在论视阈下康德哥白尼式革命及其困境》，《吉首大学学报》（社会科学版）2013 年第 5 期。

② 参见陈波《逻辑哲学导论》，中国人民大学出版社 2000 年版，第 284 页。

它恰恰就在生命存在的每一个瞬间、每一个当下的时刻。在生命的每一次感知（内观）中，都有来自上帝的呈现与价值源头的光芒。内观作为一种下达知觉、上通上帝的实践方法，深化了我们的内知觉，更实现了在实践层面的由内知觉的心理活动向自明性的智慧活动的转化和升华。

何为自明性？在布伦塔诺看来，自明性就是真与善的来源。它的原始旨趣在于追求一种相对于一切人都直接呈现的、无须任何解释和任何说明的知识的绝对起点和绝对标准。所以，从一定意义来说，自明性可以说是哲学和知识的最高标准。在一定程度上，自明性成了近现代哲学可能性的前提。然而，直到康德为止，西方理性哲学都将感性与理性做了截然分离。

虽然布伦塔诺重视内观、默祷与体验，但是这并不意味着布伦塔诺否定逻辑方法。他的判断理论，正是他构建形而上学体系在逻辑方法上的基础。

根据康德的观念，知识必须是判断，而形而上学知识又必须建立在先天综合判断的基础上。而这种判断必须具备“S 是 P”这一形式。而布伦塔诺则认为，相比于“S 是 P”的形式，“S 是”（S is）是更主要的判断样式。也就是说，判断并不一定要有谓词，判断的主词在进入意向性的瞬间就已经当下“是了”。布伦塔诺将这一判断称为“存在判断”。在布伦塔诺看来，“存在判断”为我们认识上帝开启了一种新的路径，在自明与理性之间，当下自明的情感也可以成为认知上帝的合法来源。

四　弗雷格对“上帝存在”本体论证明的反驳

在现代哲学家里面，首先对“上帝存在”的本体论证明开展批评的是弗雷格。他认为，“存在”不是谓词，“存在”是一个量词。他分别从语言和逻辑两个方面进行说明。

弗雷格从语言和逻辑上区分了对象与概念。对象是弗雷格的本体论用语，也是他本体论讨论的主要的东西，他常常探讨概念和对象的区别和联系。弗雷格认为，“存在”这个词不过是我们语言的“困境作品”而已，但这种“困境”却并不是“绝境”。为了突破这一困境，弗雷格在他的著作《函数和概念》之中，引入“函数”这个词来类比“概念”，并指出“一个概念是一个其值总是一个真值的函数”[①]。对象指的是个体事物，概念则是指含有空位的函数表达式。

从语言上来看，当我们说“上帝存在”（Es gibt）时，“上帝”应该是一个概念词，因而它所表示的不是一个个体而应该是一个概念。从德语的习惯上说，当人们说“上帝存在”的时候，并没有表达出一个作为个体的上帝存在。如在“苏格拉底是哲学家”这句话中，“苏格拉底”是对象，“( )是哲学家”是概念。从逻辑上来看，“存在”是一个二阶的概念，它只能作用于一个概念词。概念可以分为两类：一阶概念，即在语句中充当谓词的部分，如“( )是哲学家”；二阶概念，即语句中的量词，如“存在（)”。对象、一阶概念、二阶概念之间的关系是：对象处在一阶概念之下，一阶概念则处在二阶概念之下，也就是说一阶概念只能是规定对象的；二阶概念则只能规定一阶概念；而对象与二阶概念之间不存在直接的逻辑关系。[②]

因此，当人们说“上帝存在”的时候，“上帝”不是一个个体词而是一个概念词。而一个概念只是一个函数，它是不满足的、是需要补充的。[③] 因此，这里的“上帝”不可能是一个个体，而是个体所具有的性质或属性。所以，“上帝存在”的本体论证明不能成立。[④]

这里，“存在”为什么是一个二阶概念呢？这是以一阶逻辑理论作基础来进行考虑的。在一阶逻辑理论中，“存在”指的是

---

① 《弗雷格哲学论著选辑》，王路译，王炳文校，商务印书馆 1994 年版，第 63 页。

② 参见王路《逻辑的观念》，商务印书馆 2000 年版，第 269 页。

③ 参见《弗雷格哲学论著选辑》，王路译，王炳文校，商务印书馆 1994 年版，第 57 页。

④ 参见《弗雷格哲学论著选辑》，王路译，王炳文校，商务印书馆 1994 年版，第 72 页。

量词，而不是谓词；“存在”所表达的是一种作用于个体域之上的性质，而不只是某一个个体的性质；“存在”是以含有个体变元的谓词为变元的，它是一个比谓词更高一级的概念。其中，个体属于第一个层次，概念（例如上帝）属于第二个层次，量词“存在”则属于第三个层次。个体变元、概念“上帝”和量词“存在”之间的关系，可以表达为：存在［上帝（x）］，即某种具有上帝性的东西存在。比如，“皇帝的御车有四匹马拉”，这句话所要表达的意思是“拉皇帝御车的马的数量是4”。再如，“四朵红花开了”，这句话所要表达的意思是“开了的红花的数量是4”。①

五 蒯因的观点

作为美国当代著名的逻辑学家和哲学家，蒯因的哲学观点在西方哲学界颇有影响，同时也引起了广泛的异议和争论。蒯因主张，本体论问题就是关于“到底存在哪些种类的事物”这个一般性的问题以及就某事物的存在而言，它的含义究竟是什么的问题。蒯因依据本体论区分了两类问题：事实问题和承诺问题。所谓本体论的事实问题，也就是事实上有什么东西存在，也就是到底这个世界上存在的是什么，它们的存在状态、生存模式以及它们的来源与发展。严格地说，本体论的事实问题主要是一个科学问题而不是哲学问题。所谓本体论的承诺问题，就是按某个理论，这个理论所承认存在的是一些什么事物，也就是存在什么的问题。蒯因指出：

> 当我探查一个给定学说和理论体系的本体论承诺时，我只是问根据那个理论存在什么。②

---

① 参见王路《逻辑的观念》，商务印书馆2000年版，第272—275页。

② 涂纪亮、陈波主编：《蒯因著作集》第5卷，叶闯译，中国人民大学出版社2007年版，第197页。

蒯因分别提出了本体论承诺的识别标准、认可标准与选择标准。其识别标准为“语义整编”，就是通过量化和真值函项的谓词演算的逻辑方法来进行。其认可标准为同一性原则，也就是个体化原则，即没有同一性就没有实体。一个本体论承诺是否成立、能否被接受，便依此标准判定。其选择标准为：是否方便和有用，包括概念结构、说话方式或语言形式的选择问题。

蒯因坚持“存在不是一个谓词”的观点。他在1939年发表的论文《对本体论问题的逻辑探究》中说：“存在就是作为一个变元的值”[①]，即“to be is the value of the variable”，也可译为“是乃是变元的值”，即“to be is to be a value of a variable”。这是一个本体论问题与量词密切相关的著名论题。在《逻辑与共相的实物化》这篇文章中，蒯因用约束变项来解决共相问题，他指出：

> 一般地说，某一类的东西为一理论所假定，当且仅当其中某些东西必须算做变元的值，才能使该理论中所肯定的那些陈述为真。[②]

特别是在《论何物存在》这篇文章中，蒯因更为明确地将存在看作一个变项的值。他说：

> 曾经要求摹状短语承担的客观所指现在已由逻辑家叫作约束变项的一类词承担了，即量化变项，就是像“有个东西”“无一东西”“一切东西”之类的词。[③]

这里，“有个东西”“无一东西”“一切东西”都不是什么事

① 涂纪亮、陈波主编：《蒯因著作集》第5卷，叶闯译，中国人民大学出版社2007年版，第193页。

② 涂纪亮、陈波主编：《蒯因著作集》第4卷，陈启伟、江天骥、张家龙、宋文淦译，中国人民大学出版社2007年版，第97页。

③ 涂纪亮、陈波主编：《蒯因著作集》第4卷，陈启伟、江天骥、张家龙、宋文淦译，中国人民大学出版社2007年版，第17页。

物的名称，可见，经过蒯因改写后的语句，并没有对特定的对象加以描述，而只是在存在的一切事物中有满足该条件的事物而已，实际上不过是关于一切存在物的语句。可以看出，蒯因运用语义上溯的研究策略和量化逻辑这些有力的工具，以全新的形式完成了传统本体论的现代转化。蒯因认为，通过对科学语言的逻辑分析，来揭示其本体论的立场是非常重要的，他试图用其“本体论承诺”在分析哲学的框架内来拯救本体论，但他却并没有提出满足本体论的根本问题，即满足对于真实存在的探求。蒯因最关心的仍然只是语言哲学和“存在”的问题罢了，因为他始终认为，语言哲学的研究就是用来解决存在或形而上学的助力和手段。

六　自由逻辑的观点

自由逻辑（free logic）学派的基本观点是认为存在就是一个谓词。他们反对弗雷格、蒯因等人的观点，似乎又回归到了中世纪的看法，但是却是在新的背景下的回归。

众所周知，一阶逻辑包含两个存在预设：一是个体域非空，量词无一例外地具有存在的含义；二是每一词项都有所指，即每一个个体常项和个体变项都指称个体域中的某一个体，不允许出现空词项。自由逻辑力图摆脱一阶逻辑的两个预设，其名称正源于此。认为应该允许空词项在形式系统中以真正的逻辑主词出现，不必将其解释为摹状词。

自由逻辑的概念最初由兰波特（Lambert）于1960年提出，它是关于其单独词项（singular terms）和普遍词项（general terms）都没有存在预设的逻辑。后来，莫歇尔（Morscher）和西蒙（Simon）对此加以修改，给出自由逻辑的形式定义为：一个逻辑系统L是自由的，当且仅当L的单独词项没有存在预设且L的普遍词项没有存在预设且L的量词有存在含义。这个定义的严格性，在于排除了梅农（Menon）所使用的对不存在的对象进行量化的逻辑理论。而本西文加（Bencivenga）则将自由逻辑定义为：一个自由逻辑是一个关于量词理论的带等词或不带等词的形式系统，它允许某些单独词项在某些情况下被认为指称不存在的事物，并且其量词被认为有存在含义。这个定义并不排除每一单独词项在所有情况下都有指称这一可能性，而只是排除了每一单独词项在每一情况下都指称一个存在对象这一可能性。这一定义所关心的是一种逻辑可能性，强调其中的量词必须有存在含义，因而包含着梅农式理解的量词的逻辑都不是自由逻辑。自由逻辑通常可分为否定的、肯定的和中性的自由逻辑三种。否定的自由逻辑，如肖赫（Schock）、伯奇等人，认为所有包含空单独词项的命题都是假的；肯定的自由逻辑，如梅尔（Meyer）、兰波特（Lambert）等人，认为某些包含空单独词项的命题是真的；中性的自由逻辑，如斯克姆斯（Skyrms）、莱曼（Lehmann）等人，认为所有包含空单独词项的命题都缺乏真值。①

根据可能世界语义学的基本观点，可能世界是能够为人们所想象的不矛盾的世界，现实世界是实现了的可能世界。因而，一个命题真或假必须指出是在哪一个世界上的真或假。于是，在自由逻辑学派看来，“上帝存在”这个命题只是说，上帝存在于有些人所想象的某个可能世界中，显然为真命题。这样，存在也就是谓词了。

当然，安瑟尔谟所要证明的是上帝存在于现实世界中，这个结论当然是荒谬的。笛卡儿（Descartes）关于“上帝存在”的本体论证明也是如此。笛卡儿的推理过程是这样的：

（1）上帝是无限圆满的，即具有一切性质；
（2）存在是性质的一种；
（3）所以，上帝存在。

结论的错误不在于命题（2）所导致，而在于命题（1）所造成。因为命题（1）中“上帝是无限圆满的”是存在矛盾的，如

① 参见冯艳《20 世纪自由逻辑的产生与发展》，《湖南科技大学学报》（社会科学版）2004 年第 4 期。

“上帝全能论”就不成立。有二难推理如下：

> 如果上帝能够创造一块他自己也举不起来的石头，则上帝不是全能的；
>
> 如果上帝不能创造一块他自己也举不起来的石头，则上帝也不是全能的；
>
> 上帝或能够创造这样一块石头或不能创造这样一块石头；
>
> 总之，上帝都不是全能的。

古典哲学关于上帝存在的本体论证明破产以后，横跨几个世纪，当代美国哲学家普拉丁格（Plantinga，A. C.，1932—　）仍未放弃为之辩护的努力。他借当代逻辑的工具以一种更严格的形式发展了诺曼·麦卡姆（Malcolm，N.）和哈茨霍恩（Hartshorne）的上帝存在的本体论证明，而提出模态论证。

可能世界是普拉丁格用来建构本体论证明的主要的理论工具。在他看来，可能世界不过就是一种抽象存在——可能的事态，即“事物的可能存在方式”“世界的可能存在方式”等。事态是具有独立本体论的地位的，通常用它来指事物的所处状态。例如，“苏格拉底之为塌鼻子”“大卫之画圆为方”等，所有在广义逻辑意义上能够实现的事态，都可以称为可能事态，但是，“苏格拉底之为塌鼻子”是可能事态，而“大卫之画圆为方”却是不可能事态。如果还能满足极大一致性或完全性，那么这样的可能事态就是一个可能世界。也就是说，可能事态 S 是极大一致的或完全的，是说对于任一可能事态 S′来说，或者 S 包含 S′，或者 S 排斥于 S′。现实世界就是已经达成或实现了的完全的可能事态，其他的可能世界则仅仅是可能物（possibilia）而已，但无论如何，可能世界是绝对的存在。[①]

---

① 参见张力锋《从可能到必然——贯穿普兰丁格本体论证明的逻辑之旅》，《学术月刊》2011 年第 9 期。

由此，“说对象 x 存在于世界 W 中”，也就是说，假如 W 成为现实的话，则 x 就会存在；更确切些说，“x 存在于 W 中当且仅当必然并非 W 达成而 x 不存在”。于是，通过可能世界的现实化条件的限定，具体个体和抽象世界之间的矛盾也就被化解掉了，我们从而也就可以合乎情理地谈论在不同的可能世界中的个体的存在。同样地，谈论个体在可能世界中的性质也就成为可能，即：个体 x 在可能世界 W 中具有性质 P，无非也就是说，如果 W 成为现实，那么 x 就具有性质 P，这也就是说，W 中包含了可能事态 x 之有性质 P。这一解释所存在的问题，就是用“存在”来谓述个体词“x”。罗素就曾经指出，“存在”的语法主词只能是摹状词，而不能是专名，x 绝对不能用“苏格拉底”“武则天”等专名代入就完结了。从根本上来说，代入 x 的个体词只能是个体概念词（term of individual concept），因为只有它代表着相应的个体本质（individual essence）。假如 x 的个体本质为 E，这样，“x 存在于可能世界 W 中”就可以进一步还原为：只要可能世界 W 被现实化，则个体本质 E 也将获得示例（instantiated）或者例证（exemplified），而示例或例证个体本质 E 的也就是个体 x。类似地，“x 在可能世界 W 中具有性质 P”，也可以最终还原为：如果可能世界 W 成为现实，那么个体本质 E 和性质 P 将被同一个体所示例，这个个体就是 x。由此看来，谈论不同可能世界中的个体的性质，必须以个体本质学说作为形而上学的落脚点。但是，个体本质不只是本质属性，因为要想成为个体本质，本质属性还只能是独一无二的。①

普拉丁格运用可能世界理论的形式来进行论证，其出发点就是关于上帝的定义。普拉丁格认为，通常的上帝观念并没有能够揭示上帝的本质，“全知、全能和道德完善”并非世界索引性质，上帝只是体现出在某一可能世界中的个体的极大美德（maximal excellence）。美德并不等同于就是“伟大”（great-ness），“伟大”

---

① 张力锋：《从可能到必然——贯穿普兰丁格本体论证明的逻辑之旅》，《学术月刊》2011 年第 9 期。

是一个世界的索引性质，它不只是依赖于某一可能世界中的个体的美德，还依赖于其他可能世界中这个个体的美德。尽管使用某一具体可能世界来限定极大美德，可以得到一些个体本质，比如，“现实世界里的极大美德”“可能世界 W 里的极大美德”，等等，但是在普拉丁格看来，上帝所拥有的是最高程度的伟大或至大（maximal greatness），这种伟大或至大是不可超越的，它不只是表现为现实世界或者某一个可能世界中的极大美德，而且还反映在所有可能世界中的极大美德。所以，上述两个世界索引性质并没有能够充分揭示上帝的个体本质。这也就是说，至大推演每一个可能世界中的极大美德，“上帝”的观念里应该包含世界索引性质“所有可能世界里的极大美德”，也就是“所有可能世界里的全知、全能和道德完善”。①

第二节　什么存在

如前所述，存在问题即本体论问题，也就是有什么或者存在什么的问题。那么，究竟存在些什么呢？或者说，是什么样的东西存在呢？哲学家们一直存在着分歧。

一　亚里士多德的观点

亚里士多德关于存在的观点见于他的第一哲学学说中。他在《形而上学》一书的第五卷中对“存在”进行了说明。亚里士多德认为，“存在”只能被“说明”而不能被“定义”，我们只能说它怎么样，而不能说出它是什么。②

亚里士多德区分了“由于偶然性的存在”和“由于自身的存在”这两种不同意义的“存在”。“由于偶然性的存在”不必然

---

① 张力锋：《从可能到必然——贯穿普兰丁格本体论证明的逻辑之旅》，《学术月刊》2011 年第 9 期。

② 参见苗力田主编《亚里士多德全集》第 7 卷，苗力田译，中国人民大学出版社 1993 年版，第 121 页。

地属于某一事物，这种偶然性的存在则不属于第一哲学研究的范畴；“由于自身的存在”在本性上来说是属于主体自身的东西，这是第一哲学所考察的存在，具有“本体论”的意义。亚里士多德在《范畴篇》中列举了十个不同的范畴，分别是：“实体、数量、性质、关系、何地、何时、所处、所有、动作、承受。”[①] 亚里士多德认为，这些范畴包括了事物由于自身的所有存在方式。

然而，亚里士多德的第一哲学不可能考察清楚所有的这些存在。所以，亚里士多德认为，关于存在的某一方面的研究是需要其他的知识来解决的。例如，数学是从数量的关系方面来研究存在的。而第一哲学所要研究的则是“作为存在的存在”，即存在本身。亚里士多德十分强调“作为存在的存在”，就是存在本身，而不是存在的表现或者部分。亚里士多德主张，“存在本身”虽然“存在有多重意义，但全部都与一个本原相关”，这个本原正是“存在”的其他意义的依据和支撑，是“存在”背后的那个存在自身，亚里士多德称之为“实体”，亚里士多德的第一哲学或形而上学，也可以被称为实体哲学。

亚里士多德关于“实体”的概念，他在《范畴篇》中给出了基本的定义：

> 实体，在最严格、最原始、最根本的意义上说，是既不述说一个主体，也不依存于一个主体的东西。如“个别的人”“个别的马”。[②]

亚氏认为，实体应具有如下特点：

(1) 实体是一个具体的、个别的东西，所有实体似乎都在表示某一“这个”；

---

① 苗力田主编：《亚里士多德全集》第1卷，秦典华译，中国人民大学出版社1990年版，第5页。

② 苗力田主编：《亚里士多德全集》第1卷，秦典华译，中国人民大学出版社1990年版，第6页。

（2）实体是“具体”的，而不是抽象的、普遍的东西；

（3）实体不同于属性，它不依存于某个主体而存在，也没有与之相反的东西；

（4）实体是最原始的、最根本的，没有更多或更少等程度上的差别，即同一类实体的各个实体间没有程度上的差别，也就是说，没有一个实体比另一个实体更是实体；

（5）实体在数目上保持单一，在性质上却可以有对立面。

亚里士多德认为存在两类实体。符合以上 5 条标准的是第一实体，包含个别事物的属和种则是第二实体。而且，在第二实体之中，种概念比属概念更具有实体性，因为它更接近第一实体。由此看来，在亚里士多德的心目中，越是个别的东西其实体性也就越大，越是普遍的东西其实体性也就越小。

亚里士多德认为：

> 所谓科学显然应该是对开始原因的知识的取得。……原因有四种意义，其中的一个原因我们说是实体或是其所是。①

第一哲学或形而上学，它的对象不是特殊的存在物，而是存在本身或“作为存在的存在”。这种关于“作为存在的存在”的科学，就是“本体论”，也称“关于存在的学说”。② 亚里士多德的第一哲学或形而上学也可以被称为实体哲学。亚里士多德认为，哲学就是研究“实体或是其所是”（存在之为存在）的科学。

二　中世纪唯名论和唯实论的观点

中世纪哲学即经院哲学，在利用古希腊哲学来为神学服务的同时，也继承了其中所存在的问题。有些哲学家认为，只有普遍

---

① 苗力田主编：《亚里士多德全集》第 7 卷，苗力田译，中国人民大学出版社 1993 年版，第 32—33 页。

② 参见苗力田主编《亚里士多德全集》第 7 卷，苗力田译，中国人民大学出版社 1993 年版，第 84—109 页。

的共相才是真正的实在，而殊相或个别的东西只不过是现象而已。另外一些哲学家则认为，只有个别的东西才是真实的存在，而共相只不过是一些概念或语词而已，并没有实际存在的意义。前者通常被称为“唯实论”，后者通常被称为“唯名论”。[①]

中世纪的唯名论认为，没有离开人的思想意识和个别事物而独立存在的共相或者一般，只有个别或特殊的事物才是真实的存在，也就是说，“共相”不是先于个别或特殊的事物而存在，而只是人们用来表达个别事物的名词或者概念。代表人物有阿伯拉尔（Abelard）、洛色林（Roscellinus）、邓斯·司各脱（Scotus, Johannes Duns，1265—1308）、威廉·奥卡姆（William of Ockham，1285—1349）等。中世纪的唯实论又称实在论。在唯实论看来，“共相”先于个别或特殊的事物而存在，是独立于个别或特殊的事物的客观“实在”；“共相”是个别或特殊的事物的本质，个别或特殊的事物不过是由“共相”所派生出来的个别情形或者偶然现象而已，并不是真实存在。代表人物如安瑟尔谟、托马斯·阿奎那等。中世纪以后的实在论，强调除开共相之外，还承认物理个体的存在，称为温和的实在论，也称柏拉图主义。[②]

人们通常把唯实论和唯名论之间的争论分为早、中、晚三个不同的时期。早期无论唯实论还是唯名论都具有比较极端的倾向。比如，11世纪时期的唯实论者安瑟尔谟就主张，共相是先于和离开个别或特殊的事物而独立存在的实体。中期是经院哲学的繁荣时期，哲学家托马斯·阿奎那主张温和的唯实论。他在认识论上认为，感性认识先于理性认识，所以殊相在先，而共相在后；他在本体论上主张，共相在先，殊相在后。晚期是经院哲学的唯名论成就卓著的时期，主要人物包括罗吉尔·培根（Bacon, Roger，1214—1293）、邓斯·司各脱和威廉·奥卡姆。唯名论者

---

① 参见马希《浅析西欧中世纪哲学的唯名论与实在论之争》，《长春工业大学学报》（社会科学版）2012年第4期。

② 参见马希《浅析西欧中世纪哲学的唯名论与实在论之争》，《长春工业大学学报》（社会科学版）2012年第4期。

主张个体的实在性与独立性，认为个体或特殊事物是真实的存在，而共相不是单独的存在，共相只不过是存在于理智中的概念或符号而已，现实中根本就不存在与这种符号相应的实在对象。①

经院哲学试图将理性与信仰调和起来，但在唯实论与唯名论的争论之下，不仅动摇了信仰的支柱，同时也使人们对理性产生了怀疑，经院哲学由此一蹶不振。在经院哲学中，凡是主张共相（理念、种属）可以独立于具体或个别的可感事物，并且在逻辑上和时间上优先于具体的或个别的可感事物而存在，这种观点就是实在论或者“唯实论”，因为在他们看来，可感事物只不过是对共相的一种摹仿和分有，所以，这一类观点总的来说代表了柏拉图主义的（理念）实在论观点。反过来，凡是主张共相并非独立于具体或个别的可感事物，而只是存在于具体的可感事物之中，并且在逻辑上与时间上都要后于可感事物，这种观点就是唯名论，因为在他们看来，所谓共相只不过是事物的一个主观的名称而已。②

三　现代唯名论的观点和理论依据

现代唯名论通常是指美国哲学家古德曼（Goodman，Nelson，1906—1988）所主张的唯名论，它与传统的唯名论或经验主义是存在区别的。虽然在强调个别而否定一般这一点上，其观点与传统唯名论是一致的，但在否定“类”这个基本概念上，古德曼特别运用现代数理逻辑来加以论证。他试图创造一种理想的人类语言 T，在这种语言中只有一种变项，它包括单一的个体以及个体的总和。主张用个体的总和取代类，用个体的演算取代类的演算。认为不能在语言中禁止使用包含“类”这样的语词的语句，但是可以引进一些不包含这种语词的谓词来替代它们。现代唯名论只

---

① 参见马希《浅析西欧中世纪哲学的唯名论与实在论之争》，《长春工业大学学报》（社会科学版）2012 年第 4 期。

② 参见马希《浅析西欧中世纪哲学的唯名论与实在论之争》，《长春工业大学学报》（社会科学版）2012 年第 4 期。

承认个体的存在，否认非个体的存在。在现代唯名论者的语言中，不包含有任何关于个体之外的实体的名称、变项或者常项。[①]

当然，现代唯名论来源于中世纪的唯名论。众所周知，奥卡姆主张："除非必要，勿增实体。"但奥卡姆并不是说绝对不能增加实体，关键还是看其中的必要性。近代唯名论的代表人物马赫，曾提出"思维经济原则"，基本上类似于奥卡姆的做法。罗素强调，在逻辑研究中应该保持"健全的实在感"，也与奥卡姆的观点类似。

蒯因曾经提出思维的简单性原则，指出如果两个理论在概念的表达上能够达到同样的效益，而且其中之一所承诺的实体又较少的话，则该理论就是所应该选择的理论。蒯因曾经将梅农的宇宙批评为"讨人嫌的""人口过剩"的宇宙，是一种"滋生不法分子的土壤"，它是一座"本体论的贫民窟"。[②] 蒯因在早期坚持唯名论立场，主张尽量少地采用"类"这样的抽象概念，后来他又感到坚持"唯名论纲领"是"极端困难的"，主张在具体对象基础上再加上类。[③]

为此，蒯因特别提出了同一性标准或个体化原则，即"没有同一性就没有实体"这样一个外延标准。蒯因认为，由于"类"满足了这个标准，因此可以作为抽象实体而存在。具体来说，我们能提供两个"类"同一的标准，即$\forall x((x \in A \leftrightarrow x \in B) \rightarrow (A = B))$，就是说，如果两个类具有相同的元素，那么它们同一。蒯因主张，由于属性、关系、意义、命题、可能性个体等，都不能满足这个标准，所以都不存在。比如，属性不满足同一性标准，因为"对属性来说，即使是出现在所有的而且仅仅是相同的事物中，属性也可以不同"[④]。例如，所有并且只有有心脏的动

① 参见陈波《逻辑哲学导论》，中国人民大学出版社 2000 年版，第 289 页。

② 参见涂纪亮、陈波主编《蒯因著作集》第 4 卷，陈启伟、江天骥、张家龙、宋文淦译，中国人民大学出版社 2007 年版，第 15 页。

③ 参见陈波《逻辑哲学导论》，中国人民大学出版社 2000 年版，第 291 页。

④ 涂纪亮、陈波主编：《蒯因著作集》第 4 卷，陈启伟、江天骥、张家龙、宋文淦译，中国人民大学出版社 2007 年版，第 100 页。

物才是有肾脏的动物，但有心脏的属性不同于有肾脏的属性。而且，属性等最终都可还原或化归为类，这些概念在理论上是多余的。

总之，在现代唯名论看来，只有个体才是存在的，他们最多承认类的存在，而像性质、关系、事实、命题、可能个体等内涵性实体都不存在。

四　现代实在论的观点和理论依据

从思想根源来看，现代实在论的主要特征从根本上是对柏拉图的实在论和近代经验论的结合。根据怀特（White，Haiden，1928—2018）的分析，当代实在论的这个特征包含着两种具体形式：一是常识的形式，它认为一切外在的物理对象都不会依赖于人的心灵而存在；二是柏拉图式的实在论，它认为存在着既不依赖于个人的心灵也不同于物理对象的共相或者绝对理念。比如，布伦塔诺、梅农的实在论就认为，人的认识的对象独立于认识活动，这样的对象既可以是客观的外在事物，同时也可以是独立于人的心灵的共相。这种认识论可以从马赫（Mach）或詹姆士那里得到支持。同样，摩尔（Mole）和罗素在20世纪初所主张的实在论，主要是一种常识的或者朴素的实在论，它强调对于自然界的常识性认识的重要性。①

20世纪中期以后，在科学哲学、语言哲学等诸多领域里出现的各种形式的实在论，都大大强化了柏拉图式的实在论的特征。当代实在论的立场所主张的核心思想是，承认某种外部对象或者属性的存在不仅独立于人们的认识活动，而且独立于一切心灵。②这样的认识对象或者属性既包括外在世界、数学对象、理论实体，也包括因果关系、道德和美学属性以及他人的心灵等。正是

---

① 参见江怡《20世纪英美实在论哲学的主要特征及其历史地位》，《文史哲》2004年第3期。

② 参见［英］梯利著，伍德增补《西方哲学史》，葛力译，商务印书馆1995年版，第678页。

因为对于“实在”概念的不同解释，才形成了各种不同形式的实在论，比如“朴素实在论”“直接实在论”“道德实在论”“法律实在论”“数学实在论”“准实在论”，等等。①

正如托马斯·内格尔（Nagel，Thomas）所指出：

> 当我们被迫认识到我们不能充分描述或了解的某些事物之存在时，实在论是强制性的，因为那种事物处于我们的语言、证明、证据或经验的理解之外。②

现代实在论之所以要坚持如上的观点，首先是为了与我们的日常语言直觉保持一致。丘奇（Church）认为，在语义分析中需要抽象实体。梅农主张，凡是可思维者都可以是对象，一是现实存在中的各种对象，即“实存对象”；二是只存在于观念或思维中的对象，即“虚存对象”，它包括“可能的对象”与“不可能的对象”。③ 如前所述，梅农观点的问题是，承认的东西太多。

现代实在论坚持如上观点的又一个理由是，因为由此导致的理论系统的方便性和有用性。在现在实在论看来，不仅个体、抽象物是实体、是存在的，而且关系、数、函数也是存在的，命题、可能个体等也都是存在的。所承认的实体越多，则更容易或者更方便来阐述他们各自的理论体系。

五　存在的三个层次

通观实在论和唯名论在一系列观点上的对立，在我们看来，关于究竟什么样的东西存在的问题，可以做三个方面的考虑。

首先是实体性存在。即现实存在的各种各样的物理个体，以

---

① 参见江怡《20 世纪英美实在论哲学的主要特征及其历史地位》，《文史哲》2004 年第 3 期。

② ［美］托马斯·内格尔：《本然的观点》，贾可春译，中国人民大学出版社 2010 年版，第 121—122 页。

③ 参见陈波《逻辑哲学导论》，中国人民大学出版社 2000 年版，第 290 页。

及物质名词所表示的存在，也就是亚里士多德所提出来的“第一实体”。亚里士多德主张，“实体”是事物的本原。在解释实体是如何构成的时候，亚里士多德提出了著名的“四因论”。[①] 亚里士多德在《形而上学》这本书中指出，一个特定事物的实体只能来自形式和质料两者的结合，而且为了配合这个假设，他又提出了“潜在性”和“现实性”两个概念。他认为，“质料”是组成事物的材料，“形式”是构成每一个事物的个别特征。[②] 比如，世界上所有的苹果在其内在的都是果肉，这就是组成事物的材料，但从外表上看，每一个苹果又有不同的颜色、大小和形状，这些是每一个苹果自身所具有的，就像“世界上找不到两片完全相同的叶子”一样，这也就是每一个事物的个别特征。可以说，所谓质料，也就是事物的本身，形式则是用来陈述事物本质的定义。现实与潜能之间的关系就是形式与质料之间的关系。质料是还没实现的潜能，形式则是已经实现了的现实。比如，把一颗种子埋进土里，它就作为一个潜在的事物，你就可以知道它会自然地生长，这就是潜能，即某种潜在性。而当种子真正地生根发芽，长出叶子以后，与人们想象中的样子类似，这就是现实。[③]

其次是依附性存在。即依赖于或奠基于个体之上的各种存在物。一是类，它是基于个体的思维抽象，仍具有客观性，称为客观存在。二是事实、性质、关系等都可以化归为事实。与个体不同，事实没有明确的世界，不能个体化，但它却毕竟确确实实地存在着。必须具有这些依附物的本体才能是真正的现实本体，否则就只能是空洞的抽象或者纯粹的虚无而已。

众所周知，作为人们认识对象的客观世界中存在的事物，当其进入人们的认识过程当中的时候，人们首先需要将它从感性具

---

① 苗力田主编：《亚里士多德全集》第 7 卷，苗力田译，中国人民大学出版社 1993 年版，第 33 页。

② 参见苗力田主编《亚里士多德全集》第 7 卷，苗力田译，中国人民大学出版社 1993 年版，第 199 页。

③ 参见《形式》，https://baike. baidu. ，2018 年。

体上升到思维抽象，这个上升过程的结果就是要把握事物的类，从而形成反映事物类的本质规定的抽象概念。明确事物的类，具有非常重要的意义，正如中国古代的墨家学派所言，“立辞而不明于其类，则必困矣”（《墨子·大取》）。事物之间的类同和类异是人们之所以能够得出结论的必要条件。然而，类的本质规定只是事物所具有的诸多规定性中的一种一般性规定而已，作为人们认识对象的事物都是自身对立统一的整体，而且在一定的时间和空间条件下，通过一定的结构体系同别的事物处于相互联系、相互制约的关联之中。所以，要真正地认识事物，必须把它们当作一个具有许多规定和关系的复杂性总体，当作一个多样性的统一整体来加以把握。这也就是说，作为认识的目标，人们必须把握事物所具有的互补的一般属性、特殊属性与个别属性。事物互补的一般属性、特殊属性与个别属性的有机统一，在人们思维中的再现就形成了具体概念。具体概念的形成，既将同类事物统一起来，同时又把异类事物相互区别开来；既揭示同类事物的内在差异，又揭示异类事物的相互联系；既反映事物质的规定性、量的规定性与相对稳定性，同时又反映事物的内外矛盾和运动的发展过程，从而实现从思维抽象向思维具体的飞跃。①

最后是观念中的存在。即用语言表述的人类知识系统中的存在物，存在于人类的观念世界中。首先是各种内涵性对象，包括意义、概念、命题等。其次是神话故事、文艺作品、科学理论中的构造物，如龙、上帝、孙悟空等。

总之，存在首先可以区分为现实世界中的存在（即实存）与可能世界中的存在（观念中的存在）。而现实世界里的存在又可以区分为实体性的存在（具体的物理个体）和依附性存在（类、性质、关系、规律等）。②

---

① 参见李建华、李红革《事物存在的两种形式及其逻辑意义》，《哲学动态》2008 年第 10 期。

② 参见陈波《逻辑哲学导论》，中国人民大学出版社 2000 年版，第 299 页。

第八章　名称问题

直言命题中作为指称事物对象的主词，可以是通名，也可以是专名或摹状词。那么作为名称来说，它之所以能够指称事物对象，靠的是什么呢？靠的是这个名称所表达的含义呢？还是这个名称的历史因果联系呢？因此形成了近代以来的名称的摹状词理论和历史因果理论的争论，也就是通常所说的名称问题。

第一节　名称理论的基本内涵

名称理论是关于名称的意义的理论。名称是专名（proper names）和通名（general names）的统称，因而具体说来，名称理论就是关于专名和通名的学说。

在普通逻辑中，我们根据概念所反映的事物或对象在世界上是不是独一无二的，把概念分为单独概念和普遍概念。单独概念通常用专名来表达，即表示人和事物的名称的词。单独概念也可以用摹状词（description）来表达，其动词形态为 describe，意味描述、描绘。由此，摹状词可以定义为通过对事物或对象某一方面的特征的描述来指称该事物的词组。普遍概念是反映两个或两个以上的事物或对象的概念，由通名或词组来表达。单独概念和普遍概念实际上是就概念的外延来说的，而外延就是具有概念所反映的本质属性的那些事物或对象，这些事物或对象应该仅仅指外在的实体。在这种外延思想的基础上，一些谓词演算系统不仅使用变项（比如用 x、y 表示的），也使用单独词项（比如用 a、b

表示的)；变项相当于通名，单独词项相当于专名。我们通常在形式化逻辑（formalized logic）中讲变项和单独词项，而在非形式化论证（informalized argument）中讲通名和专名。原则上说，动词和形容词等既不是单独概念也不是普遍概念，因为它们是不能实体化、个体化的。在这种意义上，只有一阶逻辑是逻辑，高阶逻辑不属于逻辑的范畴，因为一阶逻辑的量词只作用于实体，而高阶逻辑的量词则需要进一步作用于属性。

名称理论是非常重要的逻辑哲学问题。从语义三角看，概念反映对象，名称表达概念，名称指称对象。对象是最被动的，名称却是最主动的，它既能表达概念，又能指称事物对象。在中国逻辑史研究中，过去有将名称等同于概念的倾向，现在又有主张名称和概念完全不同的观点。实际上二者既有相通性，又存在着不同，而以相通性为多；但是，名称理论比概念理论更具有通识性。名称的功能和意义自然是指称（refer to）某人或某事物，指称理论[①]研究的一个基本内容就是名称及其所命名的人或对象（object）之间的关系，哲学问题包括阐明上述关系，并且理解其他的语义关系——比如谓词和它所表达的性质之间、摹状词和它所描述的东西之间、我自己和“我”这个单词之间——是否和此种关系相同。克里普克在 1940 年发表的《命名与必然性》一书，激起了现当代大量的对这些问题的讨论。[②]

第二节　名称理论的基本派别

名称理论起源于弥尔（Mill，John Stuart，1806—1873）[③]，后来发展出两派：一派是摹状词理论，另一派是历史因果理论。克

---

① 名称理论里面我们只关注名称的指称，实际上指称理论还会谈论语句的指称，弗雷格、维特根斯坦都对此有所说明。

② 参见 Blackburn，S.，*Oxford Dictionary of Philosophy*，Shanghai：Shanghai Foreign Language Education Press，2000，p. 323。

③ 弥尔主要在《逻辑体系》（*A System of Logic*）一书里阐述了自己的名称理论。

里普克梳理了弥尔和弗雷格、罗素、塞尔等人对于名称的外延和内涵的看法，并提出他自己的历史因果理论。[①]

下表列出了弥尔和两派名称理论对于通名和专名的基本观点：

	弥尔的理论	历史因果理论	摹状词理论
通名	有外延有内涵	有外延无内涵	有外延有内涵
专名	有外延无内涵：专名仅仅是个符号而已	有外延无内涵：命名活动所依据的并非对于名称的意义或内涵的了解，而是对于某些历史事件及其因果影响的认识 代表人物：克里普克、齐夫（Ziff）、普特南等	有外延有内涵：专名和通名都具有各自的内涵或者含义，它们事实上是一些伪装或者缩略的限定摹状词，这是人们进行命名活动的依据 代表人物：弗雷格、罗素、塞尔、伯奇、斯特劳森、维特根斯坦、戴维森等

第三节　名称的摹状词理论

如果要指称一个唯一存在的单独个体表达单独概念，可以使用专名，也可以使用摹状词。顾名思义，名称的摹状词理论就是采用后一种方式。罗素在《论指称》一文中，第一次全面阐述了其摹状词理论。[②] 实际上弥尔对通名的看法与摹状词理论也是一致的。

摹状词分为限定的和非限定的。非限定摹状词（infinite description）是具有"一个某某"（a so-and-so）形式的短语，如

---

① 参见 Kripke, S. A., *Naming and Necessity*, Harvard University Press, 2001, pp. 26 – 32。

② 参见 Russell, B., "On Denoting", *Mind*, New Series, Vol. 14, No. 56, 1905, pp. 479 – 493。

“a book”“a man”“a snake”等。通常用 φ（x）表示非限定摹状词“一个具有性质 φ 的个体”。包含非限定摹状词的命题和包含专名的命题不同，如“一个人是总理”（A man is premier）没有指称确定的对象，而“李克强是总理”（LI KEQIANG is premier）则指出了一个确定的、实际的人。说一个非限定摹状词的对象是存在的，就是说命题函数“x 是一个有性质 φ 的对象”有时是真的。形式定义为：φ（x）存在 =（∃x）φ（x）。

用 ψ（φx）表示包含非限定摹状词的命题“一个具有性质 φ 的对象有性质 ψ”，也就是说 φ（x）和 ψ（x）的联合断定不常假，即存在这样的 x，既有性质 φ 又有性质 ψ。更进一步，ψ（φx）的真值条件共有三种情况。（一）如果满足上述要求，此类命题为真。（二）如果根本没有是 φ 的个体，即非限定摹状词指称的对象不存在，则此命题无意义。例如，“一座金山是山”，其中的“金山”不存在，所以，整个命题没有意义。（三）如果有是 φ 的个体，但它不是 ψ，则此命题为假。例如，“一座山是金山”，其中的“山”大量存在，但无一座山是金的，故该命题为假。罗素认为，处于（二）和（三）两种情况下命题都是假的，因为他将“无意义”和“假”通称为假了。[①]

限定摹状词（finite description）是指具有“那个如此这般的某某”（the so-and-so）的形式的短语。比如，“世界上的最高峰”（the highest mountain peak of the world），“中国最大的城市”（the biggest city of China），等等。限定摹状词 = 定冠词 + 形容词 + 单数可数名词。如果用τ表示定冠词的话，则τxφ（x）可以表示为“那个唯一具有性质 φ 的个体”。限定摹状词与非限定摹状词的唯一不同之处在于唯一性。包含限定摹状词“那个某某”的命题的意义，常常蕴含相应的两个条件：一个条件是关于“一个某某”的命题；另一个条件是“没有一个以上的某某”的命题。[②]

---

① 参见陈波《逻辑哲学研究》，中国人民大学出版社 2013 年版，第 41—42 页。

② 参见陈波《逻辑哲学导论》，中国人民大学出版社 2000 年版，第 34 页。

比如，“那个写《威弗利》的人是苏格兰人”（The man who write Waverfley is a Scottish）这个命题的意义是：

（1）“x 写《威弗利》”这个命题不恒假，即主词存在，有意义（至少）；

（2）“如果 x 和 y 写《威弗利》，则 x 和 y 等同”这个命题恒真，唯一性（至多）；

（3）“如果 x 写《威弗利》，则 x 是苏格兰人”这个命题恒真。

翻译为普通语言，即：

（1'）至少有一个人写了《威弗利》；

（2'）至多有一个人写了《威弗利》；

（3'）谁写了《威弗利》，谁就是苏格兰人。

上述三个命题与“那个写《威弗利》的人是苏格兰人”这个命题之间可以互推，同时后者可以用前三个命题来定义。①

罗素将（1）和（2）合并为：有一项 C 使得“x 写《威弗利》”的真假值恒等于“x 是 C”的真假值，即“存在且恰好存在一个项具有性质 φ”，用 E！表示。因此，有

$E!: \tau x\varphi(x) = (\exists C)[(\forall x)(\varphi(x) \leftrightarrow x = C)]$。

于是，有形式定义如下：

$\psi(\tau x\varphi(x)) = (\exists x)\{(\forall x)[(\varphi(x) \leftrightarrow x = C) \wedge \psi(x)]\}$。

包含限定摹状词的命题的真值条件为：

（1）满足所有条件，命题才真；

（2）如果满足（1）和（2），但不满足（3），则命题为假；

（3）如果满足（1），但不满足（2），则摹状词指称两个或两个以上的对象，如“13 和 17 之间的那个素数小于 3”；

（4）如果满足（2），但不满足（1），则摹状词根本无指称，如“那个腾云驾雾的中国人”。

---

① 参见陈波《逻辑哲学导论》，中国人民大学出版社 2000 年版，第 36—37 页。

罗素认为，这里（3）和（4）两种情况还是有意义的，但是这两类命题均为假。①

实际上，罗素在这里的工作，主要是对专名和摹状词进行了区分。

首先，二者的知识基础不同。专名是亲知的知识，具有命名的功能；摹状词则具有描述的功能。

其次，二者的语义结构不同。专名的含义与其所组成部分所具有的含义无关，其部分不具有独立的意义；摹状词所具有的含义都由其组成部分构成。

最后，含摹状词的命题与用专名来代替摹状词所产生出来的命题不同。比如将“司各脱是《威弗利》的作者”这个命题，替换为“司各脱是司各脱”，后者是一个逻辑真理，前者则只是一个事实。除此之外，他认为普通专名和逻辑专名不同。普通专名是伪装的或缩略的摹状词；而逻辑专名则是没有含义的、必有所指的、并亲知其所指的“这”“那”，所指决定逻辑专名的含义。这样，罗素的逻辑专名成了一堆感觉材料，从而取消了亚里士多德意义上的第一实体。②

除了罗素之外，其他一些哲学家也持有摹状词理论的基本观点，即无论通名还是专名都具有外延和内涵，而且是名称的含义决定了其外延或指称，这名称的含义实质上就是一个或一些缩略的或伪装的摹状词。简单地说，就是一个名称的含义决定其指称，或者一个名称的摹状词决定其指称，命名活动就是将一组确定的摹状词与一个名称相关联。

在弗雷格那里，专名所指的是外部对象，而通名即概念词的所指是概念。他认为“存在”是一个二阶概念词，只能归为一阶概念之下；他只承认个别事物的独立存在，即归于某物的性质存在，从而取消了亚里士多德的第二实体。弗雷格区分了含义与指称。比如，晨星和暮星的含义不同，指称却是相同的。A = B 与

---

① 参见陈波《逻辑哲学研究》，中国人民大学出版社 2013 年版，第 42—44 页。

② 参见陈波《逻辑哲学导论》，中国人民大学出版社 2000 年版，第 47 页。

A = A 的认识价值也不同，前者指称相同，但含义不同；后者的含义和指称均相同。并且，含义决定指称，

> 与某个指号相对应的是特定的含义，与特定的含义相对应的是特定的所指。①

维特根斯坦与塞尔都认为，名称是伪装着的或缩略了的摹状词，但并不是“一个”限定的摹状词，而是“一组或一簇”限定的摹状词。这里，如果设 S 是适合名称 a 的所有摹状词的集合，那么在罗素和弗雷格看来，a 的含义为 S 的某个元素；而在维特根斯坦看来，a 的含义就是 S 的所有元素的合取；在塞尔看来，a 的含义则为 S 的所有元素的析取。②

关于摹状词理论，斯特劳森在 1950 年的《论指称》一书中提出了反驳。他指出，在罗素那里，一个单称主谓句要有意义，要么它的语法形式将人误导以为是逻辑形式，此时该句子应当被分析为一特殊种类的存在句；要么它的语法主语是一个逻辑专名，即其意义是其指示的唯一个体。这种想法是错的，用于单独指称的表达式并不需要是逻辑专名或罗素式分析下的摹状词。罗素的问题在于混淆了语言类型（如句子和表达式）和语言类型的使用，把语词的意义等同于指称，从而把指称某个实体和断定这个实体的存在混为一谈。斯特劳森认为，意义是语句和表达式的功能，而指称以及真或假是表达式和语句的使用的功能。给出一个表达式的意义，就是给出使用它去指称某个特定对象的总体方向（general directions），应当规定其在任何情况下正确使用的规则、习惯或习俗。因此，一个语句是否有意义，与其在特定情况下的使用是否有真值、其中的指称表达式是否有指称无关。例如，当一个人认真地说出“法国国王是贤明的”这一句子的时

---

① Frege, G., “On Sinn and Bedeutung”, Micheal Beaney (ed.), *The Frege Reader*, 1997, p. 153.

② 参见陈波《逻辑哲学导论》，中国人民大学出版社 2000 年版，第 49 页。

候，他说出这一句话的行为在某种程度上佐证了他相信有一个法国国王。因此，可以说，说出“法国国王是贤明的”，在某种意义上隐含（imply）了有一个法国国王存在。但这里的隐含并不是逻辑蕴涵（entail）。当听话者说出“现在没有一个法国国王”的时候，并不是在否认“法国国王是贤明的”这个陈述，而是在给出理由说明这句话是真是假这个问题没有意义。因此，斯特劳森指出，“法国国王是贤明的”这句话当然有意义，但并不意味着对这句话的某次特定的使用有真值。说这句话或其中的表达式有意义，就是说我们可以在特定情形中对某事作出真假判断或指称某个个体；知道一个语句或一个表达式的意义，就是知道在什么样的情形下我们可以用它们来做上面这些事。这种主张完全不必有指称，即不必指称实在的或想象中的对象或事物的观点，大大减少了本体论中对象或实体的数目。①

名称的摹状词理论的基本观点是，名称既有含义，也有指称，其含义决定了指称。名称的含义就是一个或一些缩略的或伪装的摹状词。摹状词理论的根本问题就是，没有区分这些摹状词的性质，而直接认定它们决定了名称的指称。事实上，名称的含义是多种多样的，有本质的也有非本质的，只有本质的含义才能决定名称的指称。虽然非本质的含义，或者非本质的摹状词，也可以起到指称对象的作用，但这并不是作为这个名称的同义词，而只不过是用来作为规定所指对象的手段而已。如克里普克所说：

> 所用的摹状词与借助于它所引入的名称不是同义的，只不过借助于它来规定名称所指的对象罢了。②

---

① 参见 Strawson, P. F., “On referring”, *Mind*, Vol. 59, No. 235, 1950, pp. 320 – 344。又参见［英］苏珊·哈克《逻辑哲学》，罗毅译，张家龙校，商务印书馆 2003 年版，第 100 页。

② ［美］索尔·克里普克：《命名与必然性》，梅文译，涂纪亮、朱水林校，上海译文出版社 2005 年版，第 74 页。

即使非本质的含义、非本质的摹状词，也可以起到指称事物对象的作用。

中国古代的墨家学派，对名称的含义和指称的关系有一定的认识。墨家说："以名举实"（《墨子·小取》），用名称来指称对象。"举，拟实也"（《墨子·经上》），用名称来指称对象，是一种模拟或者描述，不就是对象本身。"名若画虎也"（《墨子·经说上》），用名称来指称对象，就像画老虎那样，不等于真的老虎。用名称来指称对象，这名称同时就对对象有了某种刻画，这种刻画其实就是反映了对象的某种属性，不过，这种属性未必是本质属性，但它可以起到指称对象的作用。通过对对象进行描述或者刻画，是用名称来指称对象的一种方式或者手段。墨子说：

> 或以名视人，或以实视人。举友富商也，是以名视人也。指是臛也，是以实视人也。（《墨子·经说下》）

人们有时用名称或概念来指称对象，有时则用实际具体事物来指称对象。例如，举某朋友是富商，这是用名称或概念来指称对象。指着某个动物臛告诉别人说这是臛，这是用实际具体事物来指称对象。用名称或者具体事物来指称对象，都是给对象命名的基本方式或者手段。这里，墨家虽然没有明确名称的含义是否决定其指称，但却认真思考了名称的含义却是可以作为指称具体事物对象的方式或者手段。而这一点也正好是名称的摹状词理论所完全认同的。

第四节　名称的历史因果理论

名称的历史因果理论主张名称都只是纯粹的指示词，它们没有含义，只有所指，且其所指是固定不变的，由从命名行为开始的、以名字的使用者为中介和终结的一个传播链条而确定。换言之，人们通过回溯一个名字的这种历史的、因果的传播链条，来确定它的指称对象，不需要借助任何意义的描述。

弥尔最早在其《逻辑体系》一书中，提出了名称[①]只有所指没有意义的观点。他说：

> 当某个对象被命名之后，专名仅仅作为一种标记，使那个对象成为谈论的对象，它本身并没有内涵，它指称被它称谓的个体，但不表示或蕴涵属于该个体的任何属性。[②]

命名者在进行命名时，之所以取某一个名字，最初也许只是出于某种意图，例如最初称呼一个小镇为“达特河口”（Dartmouth），仅仅是因为它位于达特（Dart）河的入海口而已。但是，当命名完成以后，专名就不再受这些考虑的影响。专名本身并不携带任何含义，比如，“位于达特河的入海口”这个含义，就不是“达特河口”这个专名意义的一部分，因为即使今后达特河口改道在别的地方入海，这个小镇也不会因此而改名，人们依旧会沿用这个旧有的名称。[③]

克里普克更为详尽系统地阐述了历史因果命名理论，他的主要观点是：命名活动取决于名称与某种命名活动之间的因果联系。即当我们给事物对象进行命名时，所依据的并不是对名称的含义的把握，而仅仅是对某些历史事件及其因果影响的认识罢了。我们在确定一个名字的所指对象时，仅仅是把某个或者某些摹状词当作临时手段，而不是把它们当作名字的同义语。[④]

在名称有外延无内涵的基本观点之下，克里普克首先区分了严格指示词（rigid designator）和非严格的指示词（nonrigid or accidental designator）。他说：

---

① 主要是专名，因为如前所述他对通名的看法有所不同。

② 参见 Mill, J. S., *System of Logic*: *Ratiocinative and Inductive*: *Being a Connected View of the Principles of Evidence and the Methods of Scientific Investigation*, London: Longmans Green and Co. LTD. of Paternoster Row, 1941, p. 20。

③ 参见陈波《逻辑哲学导论》，中国人民大学出版社 2000 年版，第 42 页。

④ 参见陈波《专名和通名理论批判》，《中国社会科学》1989 年第 5 期。

> 如果一个指示词在每一个可能的世界中都指示同一个对象，我们就称之为严格的指示词。否则就称之为非严格的指示词或偶然的指示词。[①]

他进而讨论了专名、通名和摹状词各应该属于哪一类指示词，以驳斥名称的摹状词理论。克里普克认为，无论专名还是通名都属于纯指示词，它们没有意义，只有所指。专名是严格指示词，其所指在所有的可能世界里都是固定不变的，都直接指称同样的对象；通名也是严格指示词，克里普克以“老虎”“金子”“H_2O”等例子，说明使得通名在所有可能世界里都指称同一个对象的，是该种跨一切可能世界而恒定不变的本质属性。[②] 而摹状词则是非严格指示词，摹状词之所以是非严格指示词，原因在于它有含义。对一个指示词来说，如果要保持其指称的严格性，它就不能有含义。总之，专名和通名都不是伪装的或缩略的摹状词，因为它们和摹状词作为严格和非严格的指示词所起的作用各不相同。比如，对“亚里士多德”这个专名来说，它在所有可能世界里都具有同样的指称，而限定摹状词“柏拉图门下的伟大人物”，尽管在现实世界里指亚里士多德，但在其他可能世界中就可能指别的个体，因为亚里士多德没有向柏拉图求学的情况也是可能发生的。再考虑两个命题：“必然 9 > 8”和“行星的数目 = 9”。如果用摹状词“行星的数目”替代专名“9”，显然是不合理的，会得到假命题“必然行星的数目 > 8”。因为国际天文学联合大会 2006 年 8 月 24 日通过决议，将地位备受争议的冥王星“开除”出太阳系行星行列，太阳系行星数目也因此降为 8 颗。

---

① Kripke, S. A., *Naming and Necessity*, Harvard University Press, 2001, p. 48. 又参见［美］索尔·克里普克《命名与必然性》，梅文译，涂纪亮、朱水林校，上海译文出版社 2005 年版，第 27 页。

② 参见 Kripke, S. A., *Naming and Necessity*, Harvard University Press, 2001, pp. 119 – 128。

因此，在克里普克看来，专名与相应的摹状词同义是不成立的。这是因为词项的含义无非就是它所表达的分析的或必然的属性，这种属性在某个对象存在的任何场合都适用于这个对象，即与物自体不可分的本质，但摹状词却不表达这样的必然性或本质。比如，亚氏可以不是“柏拉图的学生”，也可以不是“亚历山大的老师”，也可以不是“《形而上学》一书的作者”，因此，这些摹状词并不能构成“亚里士多德”这个专名的含义。当然，在某些特殊的场合，比如在给某一个对象命名的场合，有时是根据某个摹状词或者某种独特的标记来给这个对象命名的，或者确定这个名字的所指，但是仅仅是把某个或某些摹状词当作临时手段而已，并不是把它们当作名字的同义语。因为我们也可以使用其他的临时手段来确定该名字的指称。凡是认为这个或者这组摹状词是用来识别专名的所指的根据、标准或手段，主张摹状词决定着专名的所指等观点，都是不能成立的。因为一个不满足摹状词的对象，却可能是专名的所指，例如，“尼克松当选美国第 38 届总统”，实际上尼克松并没有当选美国第 38 届总统，但“尼克松”这个专名依然指的是尼克松。一个满足摹状词的对象，也可能并不是专名的所指，例如，“尼克松当选美国第 37 届总统”，假如是汉弗莱当选了美国第 37 届总统，则满足“美国第 37 届总统”的对象，就不再是“尼克松”的所指。①

最后，克里普克认为，虽然我们提不出来决定名称所指的充分必要条件，但是可以提供一幅较好的画面——名称的所指是由社会团体中的因果历史链条来决定的。就好像一个婴儿诞生了，他的父母给他起了个名字以后，他的父母的朋友们就谈论他，其他人遇到他之后都用到这个名字来称呼他……。通过各式各样的谈论，这个名字便在这个社会团体中一环扣一环地得到传播，正像一个链条一样。② 埃文斯（Evans，G.）将克里普克的历史因果

① 参见陈波《专名和通名理论批判》，《中国社会科学》1989 年第 5 期。

② 参见 Kripke，S. A.，*Naming and Necessity*，Harvard University Press，2001，p. 91. 又参见陈波《逻辑哲学导论》，中国人民大学出版社 2000 年版，第 53 页。

理论概括如下：一个在某特定场合使用一个名称 NN 的说话者，在下述条件下指谓某事项 X，有一条保持指称的历史因果链条，这一链条可以从说话者在那个场合的使用，最终追溯到在一个获取名称的活动中所涉及的那个事项 X 本身。①

总之，名称的历史因果理论的基本观点就是，名称都是纯粹的指示词，它们没有含义，只有指称。那么，又是什么来决定名称的指称呢？克里普克认为，决定名称的指称的是名称的历史的、因果的联系。名称是严格的指示词，而摹状词是非严格的指示词或偶然的指示词。摹状词由于具有含义，所以它不能在所有的可能世界中都指称同一个对象，因此，它属于非严格指示词。而名称则在所有的可能世界中都指称着同一个对象，因为名称具有跨一切可能世界而恒定不变的本质属性。问题是，这"跨一切可能世界而恒定不变的本质属性"难道就不是含义吗？

---

① 参见［美］G. 埃文斯《关于名称的因果理论》，载［美］A. P. 马蒂尼奇编《语言哲学》，牟博等译，商务印书馆 1998 年版，第 568 页。

第九章　集合概念问题

直言命题中作为指称事物对象的主词，可以是通名，即类名，但也可以是集合名。那么，究竟什么是集合名或者集合概念？集合名或集合概念与现代数理逻辑和现代哲学中所说的集合是否一回事情呢？集合名对于确定一个命题的真和确定一个推理或者论证的正确性有什么特殊情况需要考虑呢？等等。本章在做一般讨论的基础上，特别结合中国古代关于类和整体的思想来做进一步的阐述。

第一节　集合概念和非集合概念

在我们传统的逻辑教科书中，集合概念或者集合名，通常被认为是反映了集合体的概念，而非集合概念则被认为是反映事物的非集合体的概念。那么，这里的集合体又是什么呢？通常认为，集合体就是由许多同类的事物个体所构成的有机整体，其中，集合体所具有的属性，组成它的个体或者元素不一定具有，反之亦然。① 比如，“森林”就是一个集合概念，它所反映的集合体是由许多同类个体“树木”所组成的有机整体，这些同类个体可以看作构成集合体的元素。非集合概念通常也称为类概念或者通名，它所反映的是事物的类，类所具有的属性，组成它的子类和分子一定具有，反之亦然。其中，具有相同属性的事物或对象

① 参见吴诚《集合概念之存废探究》，《重庆科技学院学报》（社会科学版）2017 年第 12 期。

组成相同的类，即同类；具有不同属性的事物或对象组成不同的类，即异类。比如，“树木”就是一个非集合概念，它所反映的类是由具体的某类树或者某棵树作为类或者分子所构成的。

弥尔指出，区分通名（非集合概念）和集合名（集合概念）是必要的。通名是能够被总体的每一个个体所谓述的名；集合名不能分别被每一个个体所谓述，而只能被总体所谓述。比如，“英国第76队步军”是一个集合名，不是一个通名而只是一个私名；因为尽管它能被一个一个的士兵所组成的总体所谓述，但它不能被它们各自所谓述。我们可以说，琼斯（Jones）是一个战士，汤姆逊（Thomson）是一个战士，而且史密斯（Smith）是一个战士，但我们不能说，琼斯是“第76队步军”，汤姆逊是“第76队步军”和史密斯是“第76队步军”。我们仅仅可以说，琼斯、汤姆逊、史密斯和布朗（Brown）等（可枚举全部的战士）都是“第76队步军”的分子。“第76队步军”是一个集合名，而不是一个通名。与全体个体步军相对应的是通名，其中每一个都分别可以得到肯定；而与任何步军的个别战士相对应的集合名则是被构成的。①

在弥尔看来，通名是能够被总体的每一个体所谓述的名，也就是说，非集合概念所反映的类所具有的属性，其所组成的每一个子类或者分子都必然具有。而集合名不能分别被每一个体所谓述，而只能被总体所谓述，也就是说，集合概念所反映的集合体所具有的属性，不能为组成它的每一个个体所具有。

---

① 这段话的英文表述是：“It is necessary to distinguish general from collective name. A general name is one which can be predicated of each individual of a multitude; a collective name cannot be predicated of each separately, but only of all taken together. ‘The 76th regiment of foot in the British army’, which is a collective name, is not a general but a individual name; for though it can be predicate of a multitude of individual soldiers taken jointly. It cannot be predicated of them severally. We can say, Jones is a soldier, and Thompson is a soldier, and Smith is a soldier, but we cannot say, Jones is the 76th regiment。” 见 Mill, J. S., *System of Logic*: *Ratiocinative and Inductive*: *Being a Connected View of the Principles of Evidence and the Methods of Scientific Investigation*, London: Longmans Green and Co. LTD. of Paternoster Row, 1941, p. 17.

《哲学大辞典》（逻辑学卷）中说：

集合概念就是以事物的集合体为反映对象的概念。每个概念都是把许多同一类个体作为有机体构成的一个统一体来反映的。组成集合体的个体却不必具有集合体的属性。例如：森林、丛书、词汇、舰队等。①

金岳霖主编的《形式逻辑》说：

一个类是由许多事物组成的，后者叫作前者的分子。属于一个类的任何分子，都具有这类事物的特有属性。例如，人这一类，是由许多分子如曹操、杜甫、鲁迅……组成的，而曹操、杜甫、鲁迅……都具有人这个类的特有属性。但是，一个集合体，却是由许多事物作为部分有机地组成的。一个集合体的部分却不必具有这个集合体的特有属性。例如，森林是一个集合体，它是由许多树木作为部分有机地组成的，树木并不具有森林所具有的特有属性。②

集合概念，就是反映集合体的概念。例如“森林”“舰队”“工人阶级”……都是集合概念。

非集合概念，就是不反映集合体的概念。例如：“树木”“军舰”“工人”……都是非集合概念。

《普通逻辑》说：

根据概念所反映的对象是否为一类事物的群体，可以把概念分为集合概念和非集合概念。在客观事物中，存在两种不同的联系，一是类和分子的联系，一是群体与个体的联

---

① 冯契主编：《哲学大辞典》（逻辑学卷），上海辞书出版社 1988 年版，第 473 页。

② 金岳霖主编：《形式逻辑》，人民出版社 1979 年版，第 30 页。

> 系。事物的类是由分子组成的，属于这个类的每一分子都具有该类的属性；事物的群体是由许多个体构成的，作为群体中的个体并不具有该群体的属性。因此，事物的类和事物的群体是不同的。
>
> 集合概念就是以事物的群体为反映对象的概念。例如“森林”“丛书”“工人阶级”等都是集合概念。集合概念只适用于它所反映的群体，而不适用于该群体内的个体。非集合概念就是不以事物的群体为反映对象的概念。例如，“树”“书”“工人”等都是非集合概念。
>
> 非集合概念既可以适用于它所反映的类，也可不以适用于该类的分子。[①]

《普通逻辑》一书中，将集合体表述为群体，似乎有避免同语反复的作用，其实没有大碍，群体是什么也还需要做进一步阐述才明白；其次，认为群体中的个体并不具有群体的属性，这种表述有些绝对，事实上，表述为“不具有”并没有比表述为“不必具有”更加合乎实际情况。

区分集合概念和非集合概念的重要性在于：同样一个语词，但是在不同的语言环境之下有时表达集合概念有时则可以表达非集合概念。在这样的情况下，如果不对概念的集合表达和非集合表达作出区分，则容易导致推理无效。例如，

> 哺乳动物是不会灭绝的，东北虎是哺乳动物，所以，东北虎是不会灭绝的。

该推理的前提都为真而结论却是假的，推理无效。问题就出现在，前提中出现了两次的“哺乳动物”，第一次表达的是集合概念；第二次表达的则是非集合概念，从而犯了“混淆概念”的

---

① 《普通逻辑》，上海人民出版社 1986 年版，第 24—25 页。

逻辑错误，违反了同一律关于概念必须保持确定性的要求。这是因为，说哺乳动物就其集合整体（包括人在内）来说是不会灭绝的，并不意味着其中的某个子类如东北虎就不会灭绝。

当一个概念在其表达集合概念时，它同时也就表达了一个单独概念而不是普遍概念。所谓单独概念，就是指反映世界上只存在独一无二的事物或对象的概念，而普遍概念则是反映世界上具有两个或两个以上的事物或对象的概念。如前所述，集合概念是将事物或对象作为一个集合体来反映的概念，而集合体则是由许多同类个体所构成的有机整体。既然集合概念所反映的集合体是一个有机整体，所以其外延就只能有一个，也就是单独概念，因而也就不可能是普遍概念；非集合概念所反映的不是事物或对象的整体而是事物或对象的类或者分子，因此，非集合概念所表达的通常是反映事物或对象的类或者分子。因此，单独概念可以分为两类。一是通常通过专有名词即专名来表达的单独概念。专有名词是表达人或事物或对象的名称的词语，如人名、地名、事件名、时间名等。二是由许许多多个体组成的有机整体，即所谓的“集合概念”。例如，在“政法大学分布在全国各地”这个语句中，“政法大学”所表达的就是一个有机整体，是一个单独概念，它是与比如师范学院、航空大学等相区别的一种大学。而在“中国政法大学、西南政法大学等都是政法大学”这个语句中，“政法大学”所表达的则是政法大学这个类，是一个普遍概念，而不是一个整体。在人们的日常生活中，之所以容易把第二类单独概念搞错，可能是由于人们接触个体的机会比接触整体要多，因此对个体比对整体来说也就更加熟悉。例如，人们接触“士兵”和“工人”等这样的概念就比接触“军队”和“工人阶级”等这样的概念要多。事实上，人们在使用一个重要概念的时候，首先需要弄清楚这个概念所应该具有的内涵和外延。概念的内涵就是概念所反映的事物或对象的本质属性。事物属性有本质和非本质的区分。事物的本质属性是一事物之所以成为该事物并与别的事物相区别开来的属性，而事物的非本质属性则对事物不具有决定性的意义。概念就是要抽象掉大量事物的各种各样的非本质属性，从中抽象出事物的本质属性来加以反映的思维要素。概念的外延则是指具有概念所反映的本质属性的那些事物或对象。如果人们明确了各种概念的基本内涵和外延，也就不会把树木当作森林，把士兵当作军队，拿工人当作工人阶级了。①

因此，“集合概念”既然其所反映的是一个整体，它的外延只有一个，所以它也就同时是单独概念，我们是不能再对它进行限制与划分的。传统逻辑认为，被划分或限制的概念必须是普遍概念，必须是某些概念的属概念，而单独概念的外延则只有一个，单独概念不包含其他概念而成为它们的属概念。因此，单独概念是不能划分或限制的，也就是说，单独概念是划分或限制的极限。如果认为单独概念也可以进行传统逻辑意义下的划分或限制，那么也就等于说单独概念同时又是普遍概念、属概念了。这在逻辑上是矛盾的。② 因此，在具体语言环境中，如果明确某一概念表示的是一个整体，那么这个概念就是一个不可再分的单独概念，也就不会出现把整体当作部分或把部分当作整体，产生“混淆概念”的错误了。

第二节 整体集合与类集合

关于集合概念的理解和认识，目前在学术界尚存在分歧，甚至混乱。如上所述的集合概念是一种整体集合概念。与此不同的是，现代逻辑及集合论中存在着类属集合的概念使用。

集合论的创始人是康托尔（Cantor，G.，1845—1918）。他把集合描述为：

---

① 参见吴诚《集合概念之存废探究》，《重庆科技学院学报》（社会科学版）2017 年第 12 期。

② 参见曹予生《再论单独概念不能限制与划分》，《上海师范大学学报》（哲学社会科学版）1989 年第 1 期。

> 我们的直观或我们的思维中确定的并可区分的对象所概括成的一个总体。①

康托尔将集合描述为一个总体，这个总体到底是什么还需要解释，这是我们需要看到的。康托尔的集合概念包括两个基本原则：一个是外延原则，即一个集合必须由它的元素唯一地确定；另一个是概括原则，即每一个性质都产生一个集合。众所周知，康托尔对集合概念的规定将会导致悖论的发生。

肖文灿在1939年著的《集合论初步》一书中，将集合定义为：

> 吾人直观或思维之对象，如为相异而确定之物，其总括之全体即谓之集合；其组成此集合之物谓之集合之元素。……所谓相异者，取二物于此，其为同一，其为相异，可得而决定。而集合所含之元素乃有彼此不同之意味。所谓确定者，此物是否属于此集合，一望而知，至少在概念上可以断定其是否为该集合之元素，盖合于某条件之集合，须其界限分明，不容有模糊不清之弊。②

肖文灿关于集合的定义，意味着集合是其所包括的元素的总括，这个总括的意思也需要作出解释。

蒯因在《集合论及其逻辑》一书中，对集合论和集合概念作出比较清晰的阐述。他说：

> 集合论是关于类的数学。集合就是类。……类是任何种类对象的任一集聚，任一聚合，任一组合。……一个类可以

---

① 转引自张家龙《数理逻辑发展史——从莱布尼茨到哥德尔》，社会科学文献出版社1993年版，第201页。

② 胡国定等编著：《简明数学词典》，科学出版社2000年版，第561页。

> 被想成对象的一个聚集或聚合或组合，仅当“集聚”或“聚合”或“组合”被严格理解为“类”的意思。①

集合论中的集合就是类，集合概念就是类概念，当然，这个类可以理解为具有某种共同属性的不同事物的集聚、聚合或者组成。所以，集合论就是类论，如果要把这种类作为集合来理解，其实也就是类集合而已。对于类集合来说，组成类的子类或分子，也就是元素，它们必定具有类所具有的性质或者关系。

集合概念中的集合并非类集合，而是整体集合。如前所述，集合概念所反映的是一个集合体，这个集合体是由若干对象按照一定的结构形式构成的有机统一体，这些对象也就是个体或者元素。整体是由部分所组成的，但是整体必须对于组成它的组成部分来说才是一个确定的整体，如果没有部分的话也就无所谓整体。部分是一个整体中的部分，必须相对于它所构成的整体来说才是一个确定的部分，如果没有整体的话也就无所谓部分，任何部分如果离开了整体，它也就失去了其原来的意义。整体包含部分，而部分又从属于整体；整体具有其构成部分在孤立状态时所没有的整体特性。如果能够认识到集合概念中的集合体与其组成部分之间的关系是一种整体和部分之间的关系，人们就不会犯用部分替代整体，或者用个体替代集合体这样的错误。比如，一个人，如果是在日常生活中思维完全正常的人，他对“我在林子里”与“我在某棵树下”这两种不同情况肯定是不会混淆的，就像一个正常人是绝对不会将“车轮”当“汽车”来看一样。因此，集合体必须是由若干可独立的同类个体所组成的。而组成集合体的每一个个体都具有共同的本质属性，即属于同类的事物或对象。比如，“人类”与“人”之间的关系，人类是集合体，人是组成这个集合体的个体，即元素。集合体具有整体的性质，而集合体所具有的本质属性其个体不一定就具有。由于集合体是由

---

① 涂纪亮、陈波主编：《蒯因著作集》第3卷，宋文淦译，中国人民大学出版社2007年版，第17页。

许多同类个体所组成的整体，所以，这些个体在构成了整体之后，它们的性质或者功能都将发生质的变化。集合体所具有的属性，其个体不一定就具有。例如，“工人阶级”与“工人”之间的关系就是这样。工人阶级具有“是无产阶级革命的领导阶级”这样的特点，但其中任何一个具体的工人却不一定能够具有这样的特点。①

> 一个集合体与由这个集合体的部分作为分子所组成的类，是有很大区别的。例如：森林这个集合体与树木这个类是有很大分别的；工人阶级这个集合体与工人这一个类是有很大分别的。②

需要注意的是，集合概念所反映的集合体和其组成部分之间的关系，是一种整体与部分之间的关系，但整体与部分之间的关系，未必就是集合概念所反映的集合体与其组成部分之间的关系。集合概念所反映的集合体，其组成部分为元素，是一个个的有机个体；而一般所说的整体，其构成部分并非个体，比如一棵树可分解为树叶、树干、树枝和树根，其中的组成部分是通过切分而得到的，而不像集合体所组成的有机组成部分那样是自然存在的有机个体。比如，构成“森林”的树木，构成“排球队”的队员，等等。

> 集合概念所反映的集合体与其包括的个体之间的关系，既不同于类与分子的关系，又不完全同于整体与部分的关系。组成类的各个分子都必然具有所属类的属性，而组成集合体的个体却不具有该集合体的属性。整体是由不同部分组成的，而集

---

① 参见吴诚《集合概念之存废探究》，《重庆科技学院学报》（社会科学版）2017 年第 12 期。

② 金岳霖主编：《形式逻辑》，人民出版社 1979 年版，第 30 页。

合体则是由同类的个体组成。[1]

第三节　中国古代关于类和整体的思想

中国古代思想家关于类和整体的思想非常丰富。

先说“类”。根据《说文解字》的说法，“类”一般可解释为：“种类相似，唯犬为甚。从犬从声。”[2] 即同一类的事物具有相似的属性，如犬类动物所表现出来的那样。后期墨家的著作《墨经》，将名分为达、类、私三种。

《墨子·经上》说：

> 名：达、类、私。

《墨子·经说上》说：

> 名：物，达也，有实必待之名也命之。马，类也，若实也者，必以是名也命之。臧，私也，是名也止于是实也。声出口，俱有名，若姓字丽。

“达”即通达。达名就是指的通名，比如，“物”这个概念，它具有最大的外延，所有实际存在着的事物都能够用它来进行命名，相当于哲学上说的范畴。私名的外延最小，即单独名称只具有单独的外延，比如，“臧”这个名称，就只能是一人或一物的专名，其他的人或物就不能用“臧”这个专名来进行指称，因为私名只是表达了一名一实的指称关系。类名的外延处于达名和私

---

① 楚明锟主编：《逻辑学：正确思维与言语交际的基本工具》，河南大学出版社2000年版，第24页。

② 许慎：《说文解字》，徐铉校定，王宏源新勘，社会科学文献出版社2006年版，第542页。

名之间，只能是同一类的具有某些共同属性的事物或对象才能够使用这样的名称来进行指称，比如，名称“马”所指的就是那样一些具有四条腿、有尾巴、单蹄食草等性质的大型哺乳动物，所有具有这些性质的事物或对象都可以用“马”这个类名来进行指称。① 这里的类名相当于逻辑中的普遍概念或者通名。

墨家强调，推论必须符合“同类相推”“异类不比”的原则。《墨子・大取》说：

> （夫辞）以故生，以理长，以类行也者。立辞而不明于其所生，忘也。今人非道无所行，唯有强股肱，而不明于道，其困也，可立而待也。夫辞以类行者也，立辞而不明于其类，则必困矣。

言辞必须依靠理由才能产生，依据“理”才能够衍生，根据“类”才能成立。“故”“理”“类”三物必须都具备，然后一个言辞才能得以作出来。立论如果不明白它产生于何种理由，那就是虚妄的、荒谬的。人们没有道路就无法行走，即使有强健的四肢，要是不明白路在哪里的话，那困难也会立刻到来。言辞必须依靠类来推演，建立论题如果不明白所说的类，就一定会碰到困难。《墨子・小取》说：“以类取，以类予。”根据类的原则来进行推理，根据类的原则来进行反驳。《墨经》分别用“有以同”和“不有同”来定义“类同”和“不类之异”。他们认为，如果两个独立存在物之间具有某种属性或条件上的相似性，如牛和羊都有角，则可视为同一类事物，即“有角类”动物。如果两个存在物之间没有任何相似性，则不可视为同一类。显然，墨家的类同和不类之异是就事物是否具有相同的属性而言的。②

墨家在讨论类的同时，也讨论了整体。

---

① 参见张万强《〈墨经〉“以名举实”的名实观》，《职大学报》2013 年第 5 期。

② 参见杨武金《论中国古代逻辑中的类名和私名》，《哲学家（2015—2016）》，人民出版社 2016 年版，第 290 页。

《墨子·经上》说：

> 同，重、体、合、类。

《墨子·经说上》说：

> 二名一实，重同也。不外于兼，体同也。俱处于室，合同也。有以同，类同也。

“同”有重同、体（部分）同、合同、类同四种情况。两个名称指谓同一个事物的同叫重同，两个部分包含在一个整体之内叫体同，两个个体的处所相同叫合同，两个不同的东西却有类似之处叫类同。《墨子·经上》说：

> 异，二、不体、不合、不类。

《墨子·经说上》说：

> 二必异，二也。不连属，不体也。不同所，不合也。不有同，不类也。

“异”有二之异、不体之异、不合之异和不类之异。两个事物必定相异，叫二之异。某个整体的部分与另一个整体之间的差异，叫不体之异。两个事物处所不同，叫不合之异。两个事物没有任何相同点，叫不类之异。《墨子·大取》说：

> 重同，具同，连同，同类之同，同名之同，丘同，鲋同，是之同，然之同，同根之同。有非之异，有不然之异。

二名一实的重同，不同的人共同处在一个房间的俱同或者合同，不同部分在同一个整体之中的连同或者体同，不同的事物或对象在某一方面具有某种共同性质的“类同”，不同的事物或对象使用同一个名称的“同名之同”，不同的事物或对象共处同一区域的“丘同”，不同的事物或对象附属于同一个整体的“鲋同”，虽然是不同的论点都符合客观实际的“是之同”，不同的语句都说事物或对象是如此的“然之同”，不同支脉但有同一根源的“同根之同”。不符合实际情况的不同论点的“非之异”，说事物或对象不是如此的不同命题的“不然之异”。①

在这里，墨家是结合同和异的种类来讨论整体问题的。“体同”或者“连同”类似于非集合体的整体，这样的整体是由部分所组成的。《墨子·经说上》说：

> 不外于兼，体同也。（《墨子·经说上》）

即不处于一个整体之外，即两个不可分割的部分包含在一个整体之中，就是体同或者连同。《墨子·经上》说：

> 体，分于兼也。

《墨子·经说上》说：

> 若二之一，尺之端也。

体是部分，兼是整体。部分是从整体中分出来的，就像“二”中的“一”，“线”中的“点”。《墨子·经下》说：

> 一，偏弃之。

① 参见张万强《〈墨经〉“以名举实”的名实观》，《职大学报》2013 年第 5 期。

《墨子·经说下》说：

> 一与一亡。不与一，在，偏去。

“一”可以是去掉的一部分。去掉的那部分如果和原来存在的那部分相结合为一个整体，则去掉的那部分就没有了。去掉的那部分如果不和原来存在的部分相结合，则去掉的那部分还存在，理由在于它是去掉的那部分。部分和部分加在一起，构成整体。

墨家在这里所说到的“合同”或者“俱同”，类似于由若干个体或者元素所组合而成的共同的集合体。

> 俱处于室，合同也。(《墨子·经说上》)

若干个体共同处于一个空间，这些个体是独立的、可数的、可列的，共同处于室内这个整体的空间之中。《墨子·经下》说：

> 牛马之非牛与可之同，说在兼。

“牛马不是牛”这个事实和“牛马不是牛”这个判断正确是相同的，其理由在于“牛马”是一个集合。在墨家的字典里，“兼”相当于集合，“体”相当于元素。“牛马”这个兼名指称的是包括牛和马两类动物在内的动物整体，“牛”和“马”则都是作为“牛马”这个兼名的类名。由于“牛马”是集合名，而“牛”或者“马”都是类名或者通名，所以，“牛马非牛”（牛马不是牛）是正确的判断或者命题。

《墨子·经说下》说：

> 或不非牛（或非牛）而非牛也，则或非牛或牛而牛也可。故曰：“牛马非牛也未可，牛马牛也未可。”则或可或不

> 可。而曰“牛马牛也，未可”亦不可。且牛不二，马不二，而牛马二。则牛不非牛，马不非马，牛马非牛非马，无难。

难者说，如果因为牛马中有是牛有不是牛而说“牛马不是牛”可以成立，则因为牛马中有不是牛有是牛而说“牛马都是牛”也可成立，所以说“牛马不是牛”不能成立，“牛马是牛”也不能成立。然而我方认为，“牛马不是牛”和“牛马是牛”之间，必然是一个成立一个不能成立的，因为矛盾命题必有一真一假。所以，说“牛马不是牛不能成立”，又说“牛马是牛不能成立”，也是不能成立的，因为矛盾命题必然有一个是真的。而且，牛不是集合，马不是集合，但牛马是集合。牛是牛，马是马，但牛马不是牛也不是马。牛马是集合体，牛或马都是类，所以，牛马不是牛也不是马。《墨子·经下》说：

> 一少于二而多于五，说在建住。

《墨子·经说下》说：

> 五有一焉，一有五焉。十，二焉。

墨家在这里是针对一个奇怪的命题作出合理说明。一比二少但却比五多，原因在于前者说的是用元素来建立集合，后者说的是在集合中注进元素。五个手指头可以构成一只手这个集合，一只手这个集合可以包含五个元素。十个手指头可以构成两只手。一少于二是就集合来说的，建立一个集合在数量上少于建立两个集合。但是在一个集合里注进元素，则是一次注一个的次数多于一次注五个的次数。这里，由五个手指头作为元素所构成的一只手这个集合，显然是一个集合体。

名家学派也经常构造集合体，使用集合名。中国古代的辩者说：

鸡三足。(《庄子·天下》)

认为鸡有三只脚。《公孙龙子·通变论》说:

谓“鸡足”，一。数足，二。二而一故三。

鸡足这个类有左足和右足两个子类，再加上“鸡足”这个集合体，共三“足”。辩者命题的问题在于，把不同类的东西进行相加，将集合概念和非集合的类概念混为一谈。辩者又说:

黄马骊牛三。(《庄子·天下》)

一匹黄马加上一头黑牛的数量为三。《辞海》说:“马色纯黑者为骊。”骊牛即黑牛。辩者论题认为黄马加上骊牛的数量为三。具体来说，黄马是一，黑牛是一，加上黄马黑牛这个集合，其数为三。辩者这个论题的问题，同样是把不同类的东西进行相加，混淆了集合和元素的不同逻辑层次。

中国古代思想家阐述了很多类似于上述思想丰富而深刻的类和整体的看法，值得我们开展进一步的深入发掘和研究。

附录一　批判性思维刍议[①]

20 世纪七八十年代，在西方兴起了一场非形式逻辑和批判性思维的运动。这场运动迄今仍在持续，并逐步影响到中国。批判性思维运动的结果是形成了一门甚至多门学科，并且通过逐渐渗透到其他学科的方式而起着潜在的作用。而它之所以能够产生如此大的影响力，首先因为它是一种技术，一种人们在日常思维中时刻需要而且可以应用的技术。

一　批判性思维的误区与正确认识批判性思维

关于什么是批判性思维，当今尚存在各种各样的误解和误区。必须澄清它们，我们才能更好地从根本上把握好批判性思维。下面，我们以提问的方式来展现它们。

首先，是否什么样的思维都是批判性思维？

回答是否定的。并非什么样的思维都是批判性思维，比如常规思维。批判性思维的最大特点就是它的批判性，这种批判性突出地表现为质疑、反思甚至否定。罗伯特·恩尼斯（Ennis，Robert）指出：

① 本部分曾发表于《河南社会科学》2016 年第 12 期，中国人民大学复印报刊资料《逻辑》2017 年第 1 期全文转载。作者曾经在贵州大学哲学与社会发展学院、南开大学哲学学院、中国政法大学马克思主义学院、湖南师范大学公共管理学院、青海民族大学藏学院、北京市八一中学、人民日报社、中石油、辽宁师范大学等单位，以相关内容作过学术演讲，同时也给中国人民大学哲学院的 2013 级本科生和 2015 级博士研究生作过相应内容的演讲。

> 批判性思维是理性的、反思性的思维，其目的在于决定我们的信念和行动。①

质疑和批判是批判性思维的本质特征。反思即再思考，尤其强调要从反面来进行思考。批判性思维是关于思考的再思考，而且这种再思考不只根据标准和方法考察自己的思考，还要反思我们进行思考的标准和方法本身。事实上，批判性思维的这种反思和再思考就是一种理性的思维，一种哲学的质疑，一种大的智慧。

其次，批判性思维是否专门用来批判别人的呢？

回答也是否定的。批判性思维不仅应该用来发现别人思考的不足和缺点，更应该用来反思自己思维的缺点和不足。批判性思维并非仅仅用来批判别人，而且恰恰相反，更需要对自己的思考进行质疑，相当于曾子所言“吾日三省吾身”（《论语·学而》），要经常进行自我反思和反省。从这个角度来说，批判性思维的主要目的在于建构和建设。保罗和艾德（Paul，R. and Elder，L.）指出：

> 简单地说，批判性思维是自我指导、自我规范、自我检测和自我更正的思考。……它（批判性思维）包含有效的交流和解决问题的能力，以及克服我们天然的自我中心主义和社会中心主义倾向的决心。②

批判性思维是要在批判和质疑的基础上产生建设性的成果或者成效。批判本身不是目的，不是为批判而批判，批判完全是为

---

① 转引自董毓《批判性思维原理和方法——走向新的认知和实践》，高等教育出版社2010年版，第3页。

② 转引自董毓《批判性思维原理和方法——走向新的认知和实践》，高等教育出版社2010年版，第45页。

了建构和建设。进行自我批判、自我质疑的目的，完全是找到正确的思想和知识。进一步地说，批判性思维的目标是为了吸收不同观念、寻找一个综合完善的结论、决策的思考过程。批判性思维在对已有的观念和论证进行有意识审核的同时，也是推进知识进步、作出合理行动、寻找更好观念的思考过程。

最后，批判性思维是否可以随便进行？

回答还是否定的。批判性思维并非可以随便进行。批判性思维是有依据的，是要根据某种比较可靠的标准来进行的。保罗和艾德指出：

> 它（批判性思维）需要严格的优秀性标准，并且要认真地掌握对这些标准的运用。①

批判性思维是理性的思维，它要求我们的信念和行动都要建立在合理的基础上，要有好的理由，尤其是要有一套决定我们行为有效性的可靠规则和方法。

综上所述，批判性思维应该是人们运用多种思维技巧和方法进行质疑、分析和评价的认知活动。批判性思维首先是一种认知活动，但这种认知活动不一定就是批判性的，只有开展反思性的思维活动才是批判性思维。反思性的思维就是要在质疑的基础上来进行的认知活动。批判性思维的认知活动过程可以用图 1 加以表示。

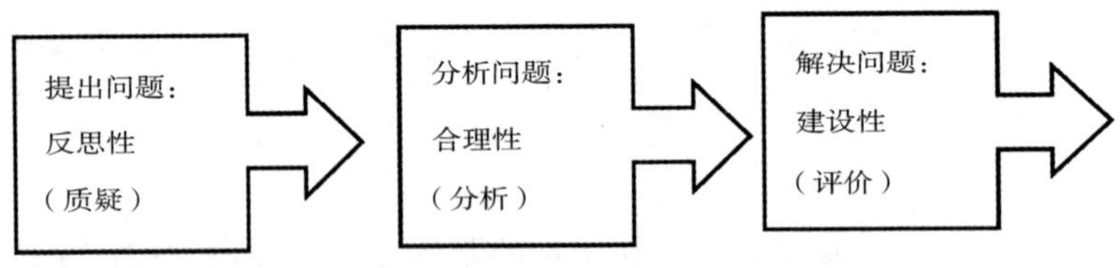

图 1　批判性思维认知活动过程

---

① 转引自董毓《批判性思维原理和方法——走向新的认知和实践》，高等教育出版社 2010 年版，第 45 页。

根据该图，批判性思维的过程，就是要在充分进行质疑的基础上提出问题，进而细致地开展对问题进行分析并且最终解决问题的思维或认知活动。批判性思维的特质可以同时在批判性思维的认知活动过程中得到展现。

二　如何在质疑的基础上提出问题

爱因斯坦曾经说：

> 提出一个问题往往比解决一个问题更重要。①

爱因斯坦之所以这么说，主要是因为在他看来，解决问题可能只是一个数学上或者实验上的技能而已，而提出问题则需要从新的角度去看待旧的问题，需要具有创造性和想象力。事实上，从批判性思维的角度看，提出问题，提出一个真正的问题，是一个非常复杂的过程。一方面，提出问题首先就是为了解决问题，批判就是为了建构，所以提出问题并不是为了提出问题而提出问题，提出问题的时候首先就要想到如何解决它，这样才能保证所提出的问题具有真实性，所提出来的是真问题，而不太可能是妄问题或伪问题。另一方面，所提出的问题有什么根据，有些什么新的事实作为支撑。关于如何在质疑的基础上提出合理问题，至少可以考虑三个方面。

（一）质疑和批判必须建立在理解和认可的基础上

提出问题是为了解决问题，批判和质疑是为了求得知识，为了最终获得问题的解决。所以，批判不是傲慢，批判完全应该是一种谦虚的态度。只有以谦虚之态度，才能达到真正的理解，有了真正的理解才可能提出真正的问题来。同时，也只有在真正理解的基础上才能进行合理的质疑和批判，才能挑战别人。

先秦时期墨子擅长批判性思维。墨子曾经“学儒者之业，受

① ［德］爱因斯坦、［波］英费尔德：《物理学的进化》，周肇威译，上海科学技术出版社1962年版，第66页。

孔子之术”，后来发现“其礼烦扰而不悦，厚葬靡财而贫民，〔久〕服伤身而害事”，故“背周道而用夏政”。（《淮南子·要略》）墨子承认孔子思想中有“当而不可易”的客观真理成分，就像“鸟闻热旱之忧则高，鱼闻热旱之忧则下”（《墨子·公孟》）这些天经地义的道理一样，是绝对不能否定的。因此，墨子有时也引述孔子的话，作为自己论证的前提。墨子正是在充分尊重儒家思想学说的基础上，使得自己所创立的墨学与儒学一起共同成为先秦时代的显学。

批判性思维领域通常称古希腊的苏格拉底为“批判性思维之父”，其主要原因就是他善于提出大量的真问题。我们知道，苏格拉底的助产术包括讥讽、助产、归纳和下定义四个阶段，其实也就是四种形式。其中的讥讽和助产阶段就相当于如何提出问题的阶段。可以说，苏格拉底之所以能够提出大量的真问题，就是由于他真正地认识到了自己的“无知”。传说，德尔斐神谕（Delphic Oracle）说：“苏格拉底是当时希腊最聪明的人，有问题去问他！”雅典的居民对此深信不疑。可是，苏格拉底听说后，却陷入困惑：“我真是希腊最聪明的人吗？我究竟比别人多知道什么呢?!”突然，他明白了——“我知道自己无知，这就是我比所有人都聪明的地方”①。可以说，如果某个人真正抱有了苏格拉底的态度，他所提出来的问题不是真问题也难。因为当一个人真正认识到自己的无知，就能够更加尊重他人和前人，更加懂得和理解旧问题的问题所在，新的问题所隐含的创造性和进步性也就不言而喻。

（二）提出的问题要具有开放性

开放性的问题通常不设定固定的答案，最多只设定问题答案的方向。与之相反，封闭性的问题则事先都将答案设定死了，只能这样作答绝不能那样作答，因此封闭性问题也称为死问题、愚蠢的问题。通常来说，假设性提问、选择性提问，常常都能产生

---

① ［古希腊］柏拉图：《柏拉图全集》第1卷，王晓朝译，人民出版社2002年版，第6—7、17页。

大量的开放性问题。比如，如果特朗普（Trump，D.）不当选，当今世界格局会是怎么样的一种变化？大多数听到这个问题的人，都会给自己特有的答案，这个问题也同时会吸引每一个人加以思考，即将每一个人的思维引入一个特有的视角，而且根据各自对问题的不同回答来展开讨论和争论，最终可以得出一些能够指导人们行动或行为的方向性策略，这就是提出问题的意义。

《读者》上曾经有人以实例形式指出过封闭性问题和开放性问题的区别。其中说道：

> 中日学校是怎样考“甲午海战”的呢？中国的考题是：“甲午海战”发生在哪一年？历史意义是什么？日本的考题则是：了解“甲午海战”后，你认为日中之间还会发生战争吗？谁会赢？你为什么做这样的判断？①

中国学校的考题，基本上都是封闭性的，答案差异小，偏重于考查学生的记忆力及死的知识，学生没有发挥的余地。日本学校的考题则具有开放性，答案可以是多方面的，而且考查学生的论证能力、归纳创新能力以及关心当下现实生活和社会的能力。②

这里需要指出的是，当今世界上的经济发达国家，他们的大中小学教材已经全面贯彻批判性思维③，即将逻辑和批判性思维的技术和方法渗透到大中小学的教材之中，成为教育中培养学生逻辑思维能力及理性思维能力的重要组成部分，值得我们加以重视。

（三）提出的问题要具有相关性

相关性是提出和讨论问题的前提。它包括逻辑的相关性、事

---

① 曲辉：《起跑线旁缺席的启蒙先生》，《读者》2012 年第 23 期。

② 参见杨武金主编《逻辑思维能力与素养》，中国人民大学出版社 2013 年版，第 132 页。

③ 参见董毓《批判性思维原理和方法——走向新的认知和实践》，高等教育出版社 2010 年版，第 18—19 页。

实的相关性和理论的相关性等。通常来讲，相关性问题就是与当下陈述或境况存在紧密关系的问题。注意相关性，就可以避免提出不具有相关性的问题，即避免提出与当下陈述离得太远的问题。

比如，当别人说："人们不喜欢那样的音乐。"而我们又想进入其中语言情景之中，从而参与讨论，那么我们针对这个陈述应该如何提出问题？通常可能提出的问题有：（1）人们为什么不喜欢那样的音乐？（2）是什么样的人不喜欢那样的音乐？(3)什么叫喜欢？等等。但是当下最应该提出的具有相关性的问题则是：人们所不喜欢的那种音乐是什么样的音乐？这是当下最具有紧密相关性的问题。只有知道了这个问题，对这种音乐的名称有了掌握，从而将自我主体纳入这种音乐的境况之中，才可能进一步展开讨论，而这样的讨论也才有可能取得实质性的进展与成效。

下面我们来看看苏格拉底是怎么提出问题的？

> 苏格拉底："究竟什么是道德？"
>
> 学生："道德就是不欺骗别人（即凡是欺骗别人的行为都是不道德的）。"
>
> 苏格拉底："那么，战争中欺骗敌人也不道德了？"
>
> 学生："我错了。看来，道德就是不欺骗亲人或朋友(即欺骗亲人或朋友都是不道德的)。"
>
> 苏格拉底："那么，儿子生病，父亲骗他吃药也是不道德的了？"
>
> 学生："我又错了。看来，道德不能以骗不骗来说明。道德不道德在于是否具有道德的知识。"①

在上述苏格拉底与他的学生的对话中，苏格拉底总共先后

---

① ［古希腊］色诺芬：《回忆苏格拉底》，吴永泉译，商务印书馆 1984 年版，第146—150 页。

提了三次问，即向学生先后提出了三个问题。这些问题可以说都具有开放性、相关性和建设性。因此，这样的问题在提出和解决之间，增进了相互之间对所讨论问题的认识。针对苏格拉底提出的第一个问题："究竟什么是道德？"学生给出了回答："道德就是不欺骗别人。"而这一对道德的界定，通过逆否推理可以得到一个全称命题：凡是欺骗别人的行为都是不道德的。全称命题最容易受到来自反例的驳斥。于是苏格拉底的第二个问题来了，"那么，战争中欺骗敌人也不道德了？"这时学生试图通过缩小所涉及的对象的范围来进行回答："道德就是不欺骗亲人或朋友。"可是这一对道德的界定，同样可以通过逆否推理得到另外一个全称命题：欺骗亲人或朋友都是不道德的。这个全称命题同样存在着反例，最后在苏格拉底的再次追问下，学生终于认识到，对道德这个概念的界定是不能通过欺骗或不欺骗来进行的。

三　批判性思维的分析过程

问题的最终答案并没有我们所以为的那么重要，关键在于分析问题的过程。在批判性思维的过程中，考量问题最重要的取决于两点，并且缺一不可：一是看论证是否符合逻辑、是否经受得住质疑、得出结论所依据的方法是不是可靠；二是看论据是否可靠、来源是否经受得住质疑。这里的论据又包括两个方面：一方面是你是根据什么理论来解决这个问题的，另一方面是你的观点是否建立在客观的事实之上。

论证中所涉及的主要成分和推理的类型，可用下页路线图即图 2 来进行认识。[①]

图 2 中的"结论、预言、决策、判断"，相当于论证中的论题。"数据、事实、观察报告、假设、隐含前提、定义、观念"等，相当于论证中的前提即论据，包括事实论据和理论论据。

---

① 转引自董毓《批判性思维原理和方法——走向新的认知和实践》，高等教育出版社 2010 年版，第 68 页。

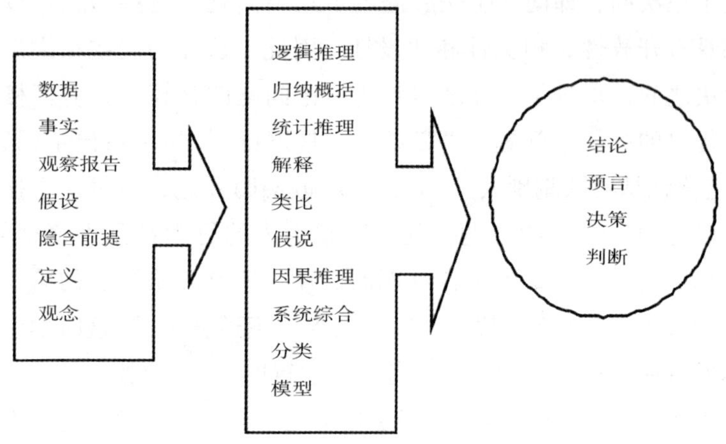

图 2 论证结构整体框架路线图

“逻辑推理、归纳概括、统计推理、解释、类比、假说、因果推理、系统综合、分类、模型”等，则相当于论证过程中所应用的各种具体的推理类型和各种不同的推理方法。

下面就上述苏格拉底和他学生的对话来做分析。

分析 1：

> 道德就是不欺骗人（即凡是欺骗人的行为都是不道德的），
> 战争中欺骗敌人是欺骗人，
> 所以，战争中欺骗敌人就是不道德的。

上述结论显然和我们的常识相矛盾，因为常识告诉我们，战争中欺骗敌人应该是道德的。那么造成这个结论虚假的原因是什么呢？显然整个推理过程没有问题，因为结论已经包含于推理的前提之中。因此，问题只能出在前提上，而且小前提“战争中欺骗敌人是欺骗人”显然符合事实。因此，问题就只能出在大前提上了，即“道德就是不欺骗人”的观点不能成立。

分析 2：

欺骗自己人是不道德的（即凡是欺骗朋友或亲人的行为都是不道德的）。

儿子生病不肯吃药，父亲骗儿子将药喝下，结果病除，是欺骗自己人。

因此，儿子生病不肯吃药，父亲骗儿子将药喝下，结果病除，也是不道德的。

上述结论显然同样与我们的常识相矛盾，因为常识告诉我们，儿子生病不肯吃药，父亲骗儿子将药喝下，结果病除，显然是道德的。那么造成结论虚假的原因是什么呢？显然整个推理过程没有问题，因为结论已经包含在推理的前提之中。因此，问题只能出在前提上，而且小前提“儿子生病不肯吃药，父亲骗儿子将药喝下，结果病除，是欺骗自己人”显然符合事实。因此，问题只能出在大前提上了，即“欺骗自己人是不道德的”的观点不能成立。

总之，批判性思维应该从分析论证开始，因为论证是批判性思维的核心。人们在质疑的基础上提出问题，而分析问题则主要在于把握和分析论证，即进一步追问论证中所用到的推理方法是否正确，论证的前提是否能够充足地得出其结论，论证的前提是否可靠，论证所用到的事实是否真实，论证中所涉及的理论性判断是否存在反例，论证中所使用的核心概念是否有效，等等问题。

四 评价与超越

评价与超越完全是建立在对论证的全面分析的基础之上。因此，评价论证有效性总共包括三个方面的标准。一是相关性，即前提与结论之间有密切联系，具有密切的相关度。这是最基本的方面。二是前提的可靠性即真实性。三是从前提得出结论的充足性，即论证的前提能够充足地得出结论。如果是演绎推理，其充足性即形式有效性，也就是保真性，当前提为真时结论必然是真的；如果是归纳推理，则其充足性即合理性，即从前提能够合理地得出结论。

关于演绎推理的充足性，我们可以来看看下面的例子：

> 甲："书上说，有精神病的人是不承认自己有精神病的。"
>
> 乙："那你有精神病吗？"
>
> 甲："别乱说，我怎么会有精神病呢？"
>
> 乙："哈哈，这不正说明你有精神病吗？"

上述对话中，乙的推理是不充足的，可以整理如下：

> 有精神病的人不承认自己有精神病。
>
> 你不承认自己有精神病。
>
> 所以，你有精神病。

上述推理的前提不能确保结论的真，不具有保真性。该推理要成立，还必须假设"只有有精神病的人才不承认自己有精神病"。而这一假设又显然荒谬。

关于归纳推理的充足性（合理性），我们也可以来看看下面的例子：

> 北京某报曾以"15%的爸爸替别人养孩子"为题，发布了北京某司法物证鉴定中心的统计数据：在一年时间内北京进行亲子鉴定的近600人中，有15%的检测结果排除了亲子关系。

上述论证包含了一个枚举归纳论证，即用物证鉴定中心的统计数据来归纳结论，而物证鉴定中心的统计数据本身就具有十分的特殊性，根本不能代表全体市民的一般情况。所以，该报刊上的文章显然是哗众取宠，不具有什么可信性，属于无效论证，在客观上起到了混淆视听、干扰社会的消极作用。

再看看下面一个例子：

> 一位小伙子，在听了天桥下盲人演奏的二胡和地铁口的盲人所唱的歌后，十分赞叹地对同伴说"盲人都很有音乐才能，比如'二泉映月'就是盲人阿炳的代表作"。后来他在饭店门口又遇到了一位拿着笛子的盲人，他对同伴说："这个人是盲人，所以有音乐才能。"

上述案例中包括下列两个推理：

> (1) 天桥下的人是盲人，有音乐才能；
> 地铁口的人是盲人，有音乐才能；
> 阿炳是盲人，有音乐才能。
> 所以，盲人都有音乐才能。
> (2) 盲人都有音乐才能；
> 饭店门口的人是盲人。
> 所以，这个人有音乐才能。

上述推理 (2) 属于演绎推理，属于有效推理，具有保真性，但其前提"盲人都有音乐才能"需要获得进一步证实。推理 (1) 属于归纳推理，举三个正面事例就得出一个全称结论，这个论证要充足还必须进一步指出三个正面事例在所涉及的相关事物情况中的代表性，否则结论难以得出。

五　结论

批判性思维离我们每个人都很近，它就在我们周围。提出问题、分析问题和解决问题，在提出问题的时候如果能够充分考虑到问题的解决，就能提出好的真正的问题。分析问题需要学会掌握和运用各种分析问题的技术和方法，其中最为根本、最为重要的就是逻辑推理和逻辑判断的方法。魏则西事件曾经极大地影响全体中国人的视野。魏则西事件被发掘引爆，靠的是两位女性媒体人孔璞和詹涓。传媒狐在采访该两位媒体人时，曾经追问过这样的问题："你们有没有担心会有什么风险?"媒体人詹涓回答："别的倒不担心什么，我最怕的是逻辑有纰漏，事实不准确，好在应该没有硬伤"。我们做的每一件事情，我们所做的每一个思考，包括我们绝大多数的认知活动，都涉及批判性思维的问题，都涉及论证的有效和思维的正确性，其中除了是否经得住事实的考验，最关键的就是是否经得住逻辑的考验，在逻辑上是否不存在"纰漏"，逻辑始终是批判性思维的锐利武器。当然，国内开展批判性思维的研究，除了需要更好地注意加强和改善逻辑的教学和研究之外，还需要更深入地研究和探讨推理和论证的隐含前提的问题、解释和说明的问题、权衡利害的辩证思维方法、批判性阅读与写作问题等，并把我们在研究中所能取得的成果推广到我们的思维活动以及提高能力的认识和实践中去，这才是我国批判性思维发展的应该之路。

附录二　从批判性思维的观点看公孙龙“白马论”[①]

公孙龙（约公元前320—前250年），战国时期赵国人，著《白马论》，对“白马非马”命题进行论证。《荀子》《吕氏春秋》《史记》等，基本上都认为公孙龙的论证有理由、论证充足，不过，目的不纯，是为了“欺惑愚众”[②]。当代学者冯友兰通过比较西方哲学或者西方逻辑来看问题，认为公孙龙白马非马论片面强调白马和马的对立，割裂了自相与共相的关系。[③] 不过，也有学者认为公孙龙的白马非马不是诡辩，比如曾祥云、刘志生就通过从符号学的观点分析，认为公孙龙的白马非马是“合理命题”，不是“诡辩命题”。[④] 周礼全在《中国大百科全书（哲学）》“逻辑”条目中指出，公孙龙是根据“马”和“白马”这两个概念的外延和内涵都不同来论证“白马非马”命题的：从外延上看，白马只是白马，而马还包含黄马、黑马等；从内涵上看，马只名形，而白马既名形又名色，从而认为公孙龙虽然背离了日常语言的意义，但其论证却是严密的。[⑤] 本文试从批判性思维的观点出发，考察公孙龙“白马非马”命题

---

① 本部分曾发表于《江淮论坛》2018 年第 4 期，并载于刘月主编《先秦阴阳五行思想及名家学术研讨会论文集》，河北人民出版社 2019 年版。

② （清）王先谦撰：《荀子集解》，中华书局 1988 年版，第 94 页。

③ 参见冯友兰《中国哲学史新编》第 2 册，人民出版社 1964 年版，第 163 页。

④ 参见曾祥云、刘志生《中国名学——从符号学的观点看》，海风出版社 2000 年版，第 160 页。

⑤ 参见《中国大百科全书（哲学）》，中国大百科全书出版社 1985 年版，第 535 页。

及其论证，认为公孙龙的“白马非马”论证，虽然具有一定的合理性，但从根本上存在着形式方面或者非形式方面的逻辑错误。

一　“白马非马”论证

批判性思维是人们运用各种思维技巧和方法来开展质疑、分析和评价的认知活动，它以分析一个论证作为出发点，具体地包括三个方面。一是这个论证从前提得出结论的过程是否合乎逻辑，即推理的前提能否足够得出结论。二是这个推理的前提是否真实，有无虚假的前提存在。三是其中所运用的概念是否有效。①

首先，公孙龙关于白马非马的第一个论证。

《公孙龙·白马论》说：

> 马者，所以命形也；白者，所以命色也。命色者，非命形也。故曰：“白马非马。”②

马是关于形体的名，白是关于颜色的名。关于颜色的名不是关于形状的名，所以，白马不是马。命即名。“马”这个名，是就形（实体）来说的，而“白”这个名则是就色（属性）来说的。因此，公孙龙得出结论“白马非马”。具体推理过程如下：

> 马是名形的，
> 白是名色的，
> 名色不是名形，
> 所以，白马非马。

这个推理通过进一步整理后，可得：

> 马是名形的，

---

① 参见杨武金《批判性思维刍议》，《河南社会科学》2016年第12期。

② 庞朴：《公孙龙子研究》，中华书局1979年版，第12页。

白不是名形，

所以，白马非马。

从三段论推理的格式来看，上述推理属于第二格的三段论，即区别格的三段论。结论否定，前提中有一个否定，形式上没有问题，推理是充足的。问题在于，小项即结论的主项在前提中是“白”，在结论中是“白马”，整个推理存在“四概念”或“四词项”错误，即偷换概念了。如果要避免这个错误，则需要把前提中的“白”等同于“白马”。这时的情况就进入了公孙龙关于白马非马的第二个论证。[①]

其次，公孙龙关于白马非马的第二个论证。

《公孙龙·白马论》说：

马固有色，故有白马。使马无色，有马如已耳，安取白马？故白者非马也。白马者，马与白也。马与白，马也？故曰：白马非马也。[②]

马本来就有颜色，所以才有白马这个名。假如马没有了颜色，那就只有马而已，又何言求取白马？所以白马不是马。白马这个名，是马和白的结合所规定了的。马与白的结合，难道是马吗？所以，白马不是马。“白马”这个名或概念是由“白”和“马”共同构成的。也就是说，既然“白马”这个概念在内涵上既名色又名形，而“马”这个概念在内涵上仅仅名形。因此，公孙龙得出结论“白马非马”。

但是，如果“白马”这个概念名色也名形，那么通过进行有效推理只能得出和公孙龙完全不同的结论。也就是说，从白马这个概念既名色也名形，只能推出白马这个概念名形，即可白马是

① 参见 Fraser Chris，“‘School of Names’ in Stanford Encyclopedia of Philosophy”，http://plato.standford.edu./entries/school-names/，2009。

② 庞朴：《公孙龙子研究》，中华书局 1979 年版，第 14 页。

马，而不能推出白马这个概念不名形，即白马非马，否则就会出现“白马马也”且“白马非马”的逻辑矛盾。推理过程如下：

$\forall x\ (Wx \wedge Hx \rightarrow Hx)$（白马是马）

这个推理属于命题推理中的联言推理。其中，W 表示“白的”；H 表示“马”；x 表示变量；∀表示全称量词“所有”；∧表示合取量词“并且”；→表示“推出”。整个推理的意思是说，对任何对象 x 来说，如果 x 是白的并且 x 是马，则 x 是马。同理可得，对任何对象 x 来说，如果 x 是白的并且 x 是马，则 x 是白的。

但是，公孙龙的结论是绝对推不出来的，因为公式 $\forall x\ (Wx \wedge Hx \rightarrow \neg Hx)$（白马非马）（其中，¬表示否定词“非”）是一个无效的推理形式。也就是说，对于对任何对象 x 来说，如果 x 是白的并且 x 是马，则“并非 x 是马”这个结论是推不出来的。

再次，公孙龙关于白马非马的第三个论证。

《公孙龙·白马论》说：

> 求马，黄、黑马皆可致；求白马，黄、黑马不可致。使白马乃马也，是所求一也。所求一者，白者不异马也。所求不异，如黄、黑马有可有不可，何也？可与不可，其相非明。故黄、黑马一也，而可以应有马，而不可以应有白马，是白马之非马，审矣！①

如果有人要马，可以给出符合条件的黄马或者黑马；但是如果要白马，就不能给出黄马或者黑马了。假如白马是马的话，那么要一匹马和要一匹白马就是一回事了。既然要一匹马和要一匹白马就是一回事，则白马和马就没有什么区别。但是，如果要白

① 庞朴：《公孙龙子研究》，中华书局 1979 年版，第 13 页。

马和马没有什么区别，那么给出黄马、黑马，有时是可以的，有时则是不可以的，这又作何解释呢？可以与不可以，其不相同是明显的。所以，同是黄马、黑马，而可以说是有马，但不可以说是有白马。这白马不是马的道理，可以说是已经非常明白了。这里，公孙龙认识到了，在外延上，马可以包含黄马、黑马，而白马只是白马，不能包含黄马、黑马。但是，公孙龙由此得出“白马非马”的结论却是错误的，整个推理是不充足的。具体推理过程如下：

> 黄、黑马都是马，
> 黄、黑马不是白马，
> 所以白马不是马。

这个推理属于三段论第三格的 AEE 式，大前提是 MAP，小前提是 MES，结论是 SEP，整个推理是一个无效的推理。大项 P 在前提中不周延，而在结论中变得周延了。更直观地说，上述推理的小前提倒过来说就是“白马不是黄、黑马”，于是推理就变成了：“白马不是黄、黑马，而黄、黑马是马，所以白马不是马。”白马不是黄、黑马，难道就能说不是马了吗？不是黄、黑马，还可以是别的颜色的马啊?！显然，公孙龙的结论必须假设“只有黄、黑马才是马”或者“马就是黄、黑马”这样的虚假前提才可能被推导出来。

再其次，来看公孙龙关于白马非马的第四个论证。

《公孙龙·白马论》说：

> 马者，无去取于色，故黄、黑皆所以应；白马者，有去取于色，黄、黑马皆所以色去，故唯白马独可以应耳。无去者，非有去也，故曰：“白马非马”。①

---

① 庞朴：《公孙龙子研究》，中华书局 1979 年版，第 16 页。

马对颜色没有去此取彼的选择，因此黄马、黑马都可以认为是马；白马对颜色有去此取彼的选择，黄马、黑马因其所具有的颜色而被排除，因此唯独白马可以认为是白马。对颜色没有去此取彼选择的马，并非对颜色有去此取彼选择的白马。因此，结论是“白马不是马”。推理过程如下：

马没有去取的要求，
白马有去取的要求，
所以，白马非马。

这个推理是三段论第二格的EAE式，大前提为PEM，小前提为SAM，结论为SEP。这个三段论的结论否定，前提有一个否定，因此，整个推理能满足充足性，是有效推理。但是仔细分析其中的中项的含义，就会发现推理存在“四概念”问题，即存在偷换概念的错误。“去取”在大前提中的含义是“去”所有的颜色和“取”所有的颜色，而在小前提中则是“去”除白色以外的所有颜色和“取”白色。于是，整个推理准确地表达出来就是：

马是去除了所有的而没有取任何的颜色，而白马是去除了白色以外的所有颜色而取白色，所以，白马非马。

推理中的偷换概念情况是明显的。

最后，来看公孙龙关于白马非马的第五个论证。

公孙龙问：“以有白马为有马，谓有马为有黄马，可乎?”就是说，“你方将有白马视为有马，那么将有马说成是有黄马，可以吗?”客方回答说“未可。”即“有马异于有黄马”，有马和有黄马不一样。这时候，公孙龙论证说：“以‘有马为异有黄马’，是异黄马于马也；异黄马于马，是以黄马为非马。以黄马为非马，而以白马为有马，此飞者入池而

棺椁异处，此天下之悖言乱辞也。”（《公孙龙·白马论》）[①]

这段话翻译成现代汉语就是：“既然有马与有黄马不一样，所以有黄马与有马也就不一样；有黄马与有马既然不一样，因此，黄马不是马。那么，你方既认为黄马不是马，而又主张白马是马，这不就如同飞鸟进了水池而棺椁分置两处的情况吗？这实在是矛盾而混乱的言辞啊。”既然“黄马非马”，因此，同理也可以说“白马非马”，如果既说“黄马为非马”，又说“白马为有马”，不就自相矛盾了吗？主客论辩过程中所用到的推理情况，可以做如下分析。

客方回答推理：

有白马为有马，
（有马异于有黄马），
所以，不能说“有白马为有黄马”。

公孙龙的反驳：

有马异于有黄马（假设客方的隐含前提为真），
所以异黄马于马，即黄马为非马，
因此，白马非马（与客方的前提“有白马为有马”矛盾）。

公孙龙在这一反驳中错误的关键处是，从“异黄马于马”推出“黄马为非马”，将“异于”（不一样）和“非”（不是）等同，出现了“偷换概念”的错误，从而他的结论只能反驳“有白马不异于有马”（有白马与有马没有差异），却不能反驳“有白马

① 庞朴：《公孙龙子研究》，中华书局 1979 年版，第 15 页。

为有马”（白马是马）。[①]

综上所述，公孙龙虽然看到了无论从内涵上还是从外延上讲，白马和马这两个名之间都存在着差异或不同，认识到了矛盾的命题不能两立，但他的上述论证整个来说却存在着如上所述的诸多逻辑错误。这些错误的存在使得公孙龙的论证或者在从前提推导结论的过程中缺乏充足性，即前提的真不能传递到结论的真，或者由于其中使用了无效概念或者虚假前提，从而使得论证的成立得不到保证。

二　“白马非马”论题

批判性思维是从分析论证开始的，但对于一个论证来说，其论题最为重要。所以，在反驳论题、反驳论据和反驳论证方式这三种情况中，反驳论题是最主要的。所以，批判性思维需要考察一个论证的论题即结论是否合理。

“白马非马”这个违背常识的论题，未必是公孙龙的发明，很可能是在公孙龙之前就有人讨论过。《韩非子·外储说左上》记载：

> 兒说，宋人，善辩者也。持白马非马也，服齐稷下之辩者。[②]

宋人兒说就坚持“白马非马”命题而常与别人辩论，并曾经把稷下学者辩服。《战国策·赵策二》记载：

> 夫刑名之家，皆曰白马非马。[③]

① 参见孙艳芳《公孙龙〈白马论〉中的逻辑与诡辩》，硕士学位论文，中国人民大学，2017 年，第 21—22 页。

② （清）王先慎撰：《韩非子集解》，中华书局 1998 年版，第 269 页。

③ （东汉）高诱撰：《战国策》，商务印书馆 1958 年版，第 58 页。

刑名之家即名家，它们的人物都说“白马非马”问题。这也就是说，很可能公孙龙之前就已经有人提出了白马非马论题，而公孙龙坚持这一论题，并进行了论证。

如前所述，公孙龙通过一系列的论证，得出结论“白马非马”。从他的论证逻辑来看，既然可以得出“白马非马”，当然也就可以得出结论“白马非白”，即白马既非白也非马。《公孙龙·白马论》说：

> 以“有白马不可谓无马”者，离白之谓也；不离者，有白马不可谓有马也。故所以为有马者，独有马为有马耳，非有白马为有马。故其为有马也，不可以谓“马马”也。曰“白者不定所白”，忘之而可也。白马者，言白定所白也，定所白者非白也。①

认为论敌“白马是马”的主张，是一种把“白”从“白马”中撇开来的说法。而公孙龙则持一种“不离”的主张，即不把“白”撇开来，也就是“守白”。“不定”在某个具体事物上的一般“白”，忘记它也是可以的，但“白马”的“白”则是“定”在了具体事物上的“白”，这个“白”不是一般的白，而只能是“白马”的白。② 于是，白马就是白马，而马就是马，白就是白，白马非白并且白马非马。概念的外延之间只存在同一关系和全异关系，不存在其他的关系。

公孙龙主张“白马非马”，正是其正名的政治意图的体现。《公孙龙·名实论》说：

> 天地与其所产焉，物也。物以物其所物而不过焉，实也。实以实其所实（而）不旷焉，位也。出其所位非位，位

---

① 庞朴：《公孙龙子研究》，中华书局1979年版，第16页。

② 参见孙中原《中国逻辑史（先秦）》，中国人民大学出版社1987年版，第159页。

其所位焉，正也。[①]

“物”是天和地及其所产生出来的一切事物。“实”是事物本身所固有的质的规定性。“位”是由事物的本质所规定的位置或界限，是质和量的统一，相当于“度”。超越了“度”的界限叫“非位”。保持“度”的界限叫“正”。于是，正名的结果和标准是：

其名正则唯乎其彼此焉。谓彼而彼不唯乎彼，则彼谓不行；谓此而此不唯乎此，则此谓不行。其以当不当也。不当而当，乱也。(《公孙龙·名实论》)

彼、此之名都要有所专指。如果称呼那个东西为“彼”，而“彼”不专用于那个东西，则“彼”的称呼就不能成立。称呼这个东西叫“此”，而“此”不专用于这个东西，则“此”的称呼也不能成立。把这认为恰当，是不恰当的。不恰当而认为恰当，是逻辑混乱。因此，正名的原则就是，

故彼彼止于彼，此此止于此，可。彼此而彼且此，此彼而此且彼，不可。[②]

称那个东西为“彼”，又专限于那个东西，称这个东西为“此”，又专限于这个东西，这是可以的。“彼此”之名既是彼又是此，“此彼”之名既是此又是彼，这是不行的。公孙龙正是为了实现其上述“位其所位”的政治主张，于是提出其“唯乎其彼此”的正名标准，才有了其“白马非马”的论题。正如钱穆所说：

---

① 庞朴：《公孙龙子研究》，中华书局 1979 年版，第 47 页。
② 庞朴：《公孙龙子研究》，中华书局 1979 年版，第 48 页。

惠施喜欢把异说成同，公孙龙却喜欢把同说成异。①

公孙龙的政治主张和政治目的，使得他喜欢把“同”说成“异”，于是就有了“白马非马”的论题。

总之，公孙龙“白马非马”论证，完全可以说是其《名实论》中“唯乎其彼此”的正名理论的一次具体应用，当然也是其《指物论》中“物指”（相当于“白马”）与“指”（相当于“马”）之间的关系的一个举例说明。也就是说，公孙龙的“白马非马”论题，重在强调一名一实的正名理论，让每一个实际存在的事物当然也包括政治生活中的每一个人都要做到“位其所位”，最终目的是为其“正名”的政治主旨服务。

三　“白马论”的论证方式

如前所述，批判性思维就是要在充分进行质疑的基础上提出问题，进而细致地对问题进行分析并最终解决问题的思维或认知活动。然而，批判性思维虽然是一种认知活动，但这种认知活动不一定就是批判性的，只有进行反思性的思维活动才是批判性思维。反思性的思维就是要在质疑的基础上进行的认知活动。② 公孙龙的“白马论”体现了批判性思维的反思性特征。

“白马论”的论证是以设主客问答的方式来进行的。“客”代表问难的一方，从人们惯常理解的角度出发，针对公孙龙的论证漏洞不断提出质疑。“主”代表公孙龙的观点，对问难者的提问一一给予回答。在回答中从不同的角度对“白马非马”这个论题进行论证。事实上，“客”不过是公孙龙的设计，完全是公孙龙为了自己论证上的便利，所列举出来的一般常识中会问到的问题而已。不过，有些问题还是十分尖锐的，确实与人们常识中会问到的问题相符合。例如，

---

① 钱穆：《中国思想史》，九州出版社 2012 年版，第 51 页。

② 参见杨武金《批判性思维刍议》，《河南社会科学》2016 年第 12 期。

> 以马之有色为非马，天下非有无色之马也。天下无马，可乎?①

马有了颜色就成了“非马”，但是世上没有无色的马啊，那世上就没有马了？问题提得非常尖锐。公孙龙充分考虑到了自己论敌方的基本观点，这是在对自己观点进行了深入反思的基础上才能做得出来的。由此可见，公孙龙的“白马论”充分体现了批判性思维的反思性特征。

公孙龙在论证中熟悉地应用了归谬法。归谬法的论证过程是：首先假设某个命题成立，然后由这个命题的成立，推理出明显的矛盾或者显然荒谬的不可信的结果，从而下结论说所假设的命题不能成立。如前所述，公孙龙在论证中，首先假设客方的观点是正确的，“有白马为有马”“有马是有黄马”等。然后顺着客方的观点进行推理，最后得到“白马非马”与“有白马为有马”相矛盾的结论。显然，从所假设的前提出发，却得到了矛盾的结论，因此所假设的前提不能成立，即“有白马为有马”不能成立。

公孙龙论证的根本问题是，他的立场和目的有问题。批判性思维不仅仅是一种技巧，更是一种态度和精神，其核心是求真、公正和反思。公孙龙的白马论证虽有较强的反思性，但公正性和求真性不足，其正名理论完全是为了贯彻自己的政治立场来进行的。

> 善于发现别人论证的缺点而将其一棍子打死，以使自己的理论免受严格考察，这是有批判性思维技巧的学阀，越这样就越阻挡认识的发展。②

---

① 庞朴：《公孙龙子研究》，中华书局 1979 年版，第 14 页。

② 董毓：《批判性思维原理和方法——走向新的认知和实践》，高等教育出版社 2010 年版，第 363 页。

《不列颠百科全书》中记载了古希腊的智者学派，被同时代的人批评为：

> 不是追求真理而是在辩论中用不正当的手段达到取胜的目的。①

诡辩的一个重要特征就是目的不纯，为了取胜完全可以忽略求真或者求公正。爱利亚学派的芝诺，为了论证自己的哲学观点，专门别出心裁地为“阿基里斯（古希腊跑得最快的人）追不上龟”“飞矢不动”等虚假论题进行论证。公孙龙的“白马非马”论证，也类似地是为了实现其“位其所位”的政治目的而进行的诡辩论证。如荀子所言，诡辩者的论证虽然也“言之成理”“持之有故”，但其最终目的却是“欺惑愚众”。在诡辩者的心目中，由于取胜被放在了第一位，而求真或者求公正被放到了次要的位置，故他们在论证中也就不可避免地会存在着如前所述的“推不出”或者“偷换概念”等诸多逻辑错误。

① 《不列颠百科全书》（国际中文版修订版）第15卷，中国大百科全书出版社2007年版，第517页。

附录三　从墨家观点看中国古代辩者悖论的实质[①]

一　前言

广义上的中国古代辩者，即指中国古代的名家学派，包括邓析、惠施、公孙龙，狭义的中国古代辩者则指《庄子·天下》篇中所言的邓析、惠施和公孙龙之外的其他辩者。据《庄子·天下》篇说，这些辩者经常与惠施开展辩论。代表人物有兒说、田巴、毛公、黄公等。他们的著作基本上都已遗佚，但我们可以从《庄子》《韩非子》《淮南子》《史记》《汉书》等著作中，来了解他们的部分思想。在与惠施进行辩论的“辩者”们所提出的“二十一事”，即二十一个论题，由于辩者材料遗佚，现在已无法确切地指出这些论题究竟出自何人。但就这些论题本身看，基本上都是一些对违反人们直觉或者常识的命题进行论证。我们知道，狭义上的悖论，是指一个语句无论被肯定还是被否定，都会导致矛盾。而广义上的悖论（paradox），则是指违反了（para）常识或常见（dox）的语句或命题。[②] 中国古代辩者的悖论基本上都属于广义上的悖论。通常认为，辩者的论证往往能够“饰人之心，易人之意；能胜人之口，不能服人之心”（《庄子·天下》）。即他们的辩论往往脱离实际，不能解决实际问题，但同时也激发

---

① 作者曾经在南京大学哲学系召开的“第二届两岸逻辑与哲学论坛暨广义逻辑悖论研究重大项目开题论证会”上，以本部分做主题发言。同名论文曾经发表于《孔学堂》2019 年第 3 期；中国人民大学复印报刊资料《逻辑》2020 年第 2 期全文转载。

② 参见叶锦明《悖论十七条》，载《摹物求比——沈有鼎及其治学之路》，社会科学文献出版社 2000 年版，第 304 页。

人们进行思考和思索。具体内容是这样的：

> 卵有毛（1）。鸡三足（2）。郢有天下（3）。犬可以为羊（4）。马有卵（5）。丁子有尾（6）。火不热（7）。山出口（8）。轮不蹍地（9）。目不见（10）。指不至，至不绝（11）。龟长于蛇（12）。矩不方，规不可以为圆（13）。凿不围枘（14）。飞鸟之景未尝动也（15）。镞矢之疾，而有不行、不止之时（16）。狗非犬（17）。黄马骊牛三（18）。白狗黑（19）。孤驹未尝有母（20）。一尺之棰，日取其半，万世不竭（21）。[①]

关于辩者们所提出来的上述“二十一事”，冯友兰曾经将之分为合同异和离坚白两组。合同异组包括 1、3、4、5、6、8、12、19；离坚白组包括 2、7、9、10、11、13、14、15、16、17、18、20、21。[②] 冯友兰的做法，实质上是将辩者的“二十一事”要么归于合派即惠施，要么归于离派即公孙龙。这种做法虽然有一定的合理之处，但并没有能够更深入地揭示这些悖论的实质，而且其中的 2（鸡三足）与 18（黄马骊牛三）两个命题也是主合的，即把不同类的东西合起来，应该纳入合同异组。[③] 胡适将辩者的“二十一事”分为“时间空间的无限性”“潜在性与现实性”“个性原理”和“知识论”四类，前两类的分析基本上清楚，但后两类的分析却显得非常笼统和不清晰，需要做进一步考虑。胡适[④]和沈有鼎[⑤]都试图从《墨经》的回应来对辩者的某些命题进行解读，但却都只是做了部分的工作。陈波在《悖论研究》一书中将中国古代的悖论大致概括为运动和无穷、类属关

① （清）郭庆藩撰：《庄子集释》，中华书局 1961 年版，第 1105—1106 页。

② 参见冯友兰《中国哲学史》，中华书局 1947 年版，第 276—275 页。

③ 参见孙中原《中国逻辑史（先秦）》，中国人民大学出版社 1987 年版，第 107 页。

④ 参见胡适《先秦名学史》，学林出版社 1983 年版，第 104—110 页。

⑤ 参见《沈有鼎文集》，人民出版社 1992 年版，第 202—210 页。

系、语义、认知、相对化、逻辑矛盾及其消解等几个方面。[①] 桂起权从辩证理性和分析理性的角度对辩者“二十一事”进行过考察，提出过辩者论题存在混淆特殊与一般的错误。[②] 本文认为，还有必要对辩者的命题进行更加全面深入的梳理和研究，以便更好地揭示出这些悖论的实质。本文主要从墨家关于辩者“二十一事”的相关回应的分析出发，全面而具体地来构造和评析辩者“二十一事”所表达出的思想及其问题所在。

二 关于运动或者空间的无限性问题

辩者“二十一事”中有4事都是关于运动或者空间的无限性问题的，它们分别是21、16、15和9。

辩者第21事说：

> 一尺之棰，日取其半，万世不竭。

棰即杖。第一天，剩1/2尺；第二天剩1/4尺；第三天，剩1/8尺；第n天，剩$1/2^n$尺。当$n\to\infty$时，$1/2^n$接近于0，但永远也不等于0。

《墨子·经下》60说：

> 非半，弗斫则不动，说在端。

《墨子·经说下》60说：

> 斫半，进前取也。前则中无为半，犹端也。前后取则端中也，斫必半。毋与非半，不可斫也。

---

① 参见陈波《悖论研究》，北京大学出版社2014年版，第347—371页。

② 参见桂起权《分析性理性要与辩证理性相结合》，《山东科技大学学报》（社会科学版）2012年第2期。

无所谓半，这棰不斫它就不动，因为每一斫取都得端点。斫半的方式有三种。第一是进前取，从棰的任一端向前节节斫取，进取之中，每进一节，是另一节的端，没有一节是棰的半。第二前后取，从棰的两端同时斫取，所取各节，没有一节是棰的半，取到中心时，是前后节的各一端。第三斫必半，从棰的中点斫而为二，再将二斫为四为八，递次增加，形成无数的半，但实际上没有一节是这棰的半，可见不能斫半。

在辩者看来，一尺之棰是有限的物体，却包含着无限的成分。该说法假设了物质无限可分的定理，物质在数学上无限可分。墨家则认为，“取半”的分割不能无限下去，最后会剩下一个不能取半的“不动”的“端”即点。此乃物理上的“一尺之棰”，物理上是不能无限可分的。在墨家看来，辩者实质上将“一尺之棰”概念的物理含义与数学含义混为一谈了。

辩者第 16 事说：

> 镞（zú）矢之疾，而有不行、不止之时。

飞得很快的箭，在每一瞬间既静止又运动。

《墨子·经上》51 说：

> 止，以久也。

《墨子·经说下》51 说：

> 无久之不止，当牛非马，若矢过楹。有久之不止，当（牛）马非马，若人过梁。

物体静止，是因为有时间上的持续（没有空间位置的移动）。没有时间持续的不止即运动，如同说“牛非马”即牛都不是马，就像箭矢飞穿过柱子。有时间持续的不止即运动，如同说“牛马非马”即牛马不都是马，就像一个人走过一座桥梁那样。

在墨家看来，静止是有时间持续的，运动则分没有时间持续的和有时间持续的两种。静止是有时间持续的，但有时间持续的不一定就是静止，因为运动也可以是有时间持续的。飞得很快的箭，是运动（不止），属于没有时间持续的，而静止则属于有时间持续的。辩者的说法则将静止和运动这两个不同概念混为一谈了。

辩者第 15 事说：

飞鸟之景未尝动也。

认为飞鸟的影子是从来不动的。这是取运动的一个瞬间，认为这一瞬间里曾经“在一个地方”，连它的影子也静止在那里，从未动过。辩者命题的合理性，在于表达了运动的间断性。但辩者却作出一个违反常识的判断“飞鸟的影子是从不动的”。

《墨子·经下》18 说：

景不徙，说在改为。

《墨子·经说下》18 说：

光至景亡，若在，尽古息。

景同“影”，“影”的正字。影子本身不会移动，是因为影子受光和物体的移动而连续改变。光线照到了，影子也就消失了；如果影子在，则说明光线和物体终古生息不绝。在墨家看来，影子本身虽然不会移动，但因为影子受光和物体的移动而发生连续改变，已经从旧影不断变换为新影了。辩者的错误在于歪曲了“影动”的通常含义。①

① 参见叶锦明《悖论十七条》，载《摹物求比——沈有鼎及其治学之路》，社会科学文献出版社 2000 年版，第 308 页。

辩者第9事说：

轮不蹍地。

运动本身就是矛盾，机械运动就是物体在同一时间既在一点又不在一点，或者既在这一点又在另一点。对应到辩者的这句话本身来说，正确的说法应该是，运动着的车轮碾地同时又不碾地。辩者命题的合理性，主要是看到了运动的连续性。但辩者却作出一个违反常识的判断"运动着的车轮是从不碾地的"。

《墨子·经上》48说：

儇稘秖。

《墨子·经说上》48说：

昫民也。

儇，孙诒让校作"环"。《玉篇》："环，绕也。"稘秖，孙诒让校作"俱柢"。直立圆环滚动时所有的部分都蹍地，去问老百姓即可知道。面对辩者的说法，针锋相对地指出轮的每一个部分都是蹍地的。辩者的错误是将车轮与地面的接触点从物理含义偷换成了数学含义。①

三　关于客观事物和人的认识问题

辩者"二十一事"中有5事都是关于客观事物和人的认识能力或者认识方法的问题，它们分别是7、10、8、11和20。

辩者第7事说：

---

① 参见叶锦明《悖论十七条》，载《摹物求比——沈有鼎及其治学之路》，社会科学文献出版社2000年版，第310页。

火不热。

认为火使得人们觉得热，但火本身是不热的，火热是人们的一种主观感觉而已。《墨子・经下》47 说：

火热，说在顿。

《墨子・经说下》47 说：

谓火热也，非以火之热我有，若视日。

火是热的，理由在于其内在物质的聚合。说火是热的，并不是说火的热是我所具有的，就像看太阳那样。辩者的问题在于否认事物存在的客观性，因为火热本身是一种客观存在。

辩者第 10 事说：

目不视。

认为人的眼睛看不到物体。《公孙龙子・坚白论》说：

且犹白，以目、以火见，而火不见，则火与目不见，而神见。[①]

就像白颜色，是人们凭借眼睛和光线看见的，但光线本身却不能看见白色，那么光线和眼睛加在一起也不能看见白色，只是靠精神来看见而已。[②] 人们凭借光线和眼睛来看见物体，这里光线是见物的条件，而眼睛是见物的器官，眼睛和光线对于见物来说起着不同的作用，所以，眼睛见物而光线却不见物。但是公孙

① 王琯：《坚白论》，载《公孙龙子悬解》，中华书局 1992 年版，第 85 页。
② 庞朴：《公孙龙子研究》，中华书局 1979 年版，第 46 页。

龙在结论中却说眼睛也不能见物，这就意味着眼睛也不是见物的器官，显然自相矛盾。

《墨子·经下》46说：

> 知而不以五路，说在久。

《墨子·经说下》46说：

> 以目见，而目以火见，而火不见。惟以五路智久，不当以目见，若以火见。

人们有些知识的获得不是通过五种感觉器官，如对时间概念的认识。眼睛是见物的器官，光线是见物的条件，眼睛通过光线作媒介见物，但光线本身不见物。人们只有通过五种感觉器官才能获得对时间概念的认识，这不是相对于眼睛对于见物的关系，而是相当于光线对于见物的关系。眼睛是人的感觉器官，凭借它人们可以获得关于事物的感性认识，而对于时间“久”的认识，不能仅仅停留在感性认识阶段，必须通过理性思维器官才能获得。也就是说，眼睛只是认识时间概念的条件而不是认识时间概念的思维器官，心灵才是认识时间概念的思维器官。墨家并没有否定眼睛作为感觉器官的认识功能和作用，而是充分肯定了人的眼睛的感性认识作用。《墨子·经上》3说：

> 知，材也。

《墨子·经说上》3说：

> 知也者，所以知也，而必知，若明。

认知能力是人的认识器官所具有的生理功能，这种认识能力，是人用来认识事物因而就能够认识事物的能力，就像人的眼睛能够看见光明一样。辩者的问题在于否定了眼睛作为人的感觉器官本身所具有的认识功能和认识作用。

辩者第8事说：

> 山出口。

认为人口可以说出山来。成玄英说："山本无名，山名出自人口。"人们通过口说出山的名字。但是，口可以说出山（语言）这个字，但却不能说出山（对象）本身，说出语言文字是人口的功能，而语言文字本身可以指称对象。

《墨子·经上》32说：

> 言，出举也。

《墨子·经说上》32说：

> 故言也者，诸口能之，出民（名）者也。民（名）若画俿也。言，也谓。言犹石（实）致也。

语言是用来表达思想的。所以，语言是人的口的一种能力，是用来表达名称或概念的东西。名称或概念表达实际的对象就像画老虎来表征老虎的特征一样。语言就是用来称谓事物实际的。说出什么样的语言，就如同事物实际来到了眼前。辩者的问题在于，错误地认为人的口是可以说出山本身来的。事实上，我们可以说"'山'出口"，但不能说"山出口"，前者为提及，后者为使用；要分清对象语言和元语言，辩者的说法混淆了语言的层次。①

---

① 参见叶锦明《悖论十七条》，载《摹物求比——沈有鼎及其治学之路》，社会科学文献出版社2000年版，第312页。

辩者第 11 事说：

> 指不至，至不绝。

认为用手指指物，总有达不到的地方，总会有所遗漏，但是一旦以手指指物，则此认识最终是可以达到的，是不会有遗漏的。

指是人们的一种认识形式，通常是说人们用手指指物。但人们也可以用抽象概念即用名称来指称事物。《墨子·经说下》53 说：

> 或以名视人，或以实视人。举友富商也，是以名视人也。指是臞也，是以实视人也。

人们有时用名称或概念来向别人表达思想，有时则指着实际事物对象来向别人表达思想。例如，举某朋友是富商，这是用名称或概念来向别人表达思想。指着臞告诉别人说这是臞，这是用实际事物对象来向别人表达思想。《墨子·经说下》39 说：

> 所知而弗能指，说在春也、逃臣、狗犬、贵（遗）者。

知道却无法指出来的东西，例如死去的女仆春、逃跑了的臣子、不知道其具体名字的狗犬和遗失了的物品。辩者命题的悖论性表现在，既然指出了所不能到达的地方在哪里，也就意味着指还是可到达的，是没有遗漏的。辩者存在的问题是混淆了两个不同的“至”概念。墨家则严格区分含义和所指的不同，即有些对象我们虽然知道其含义，有其名，但却不能将它指出来，因为无其实了。

辩者第 20 事说：

孤驹未尝有母。

认为孤驹从来都是没有母亲的。凡驹皆为母所生，所以孤驹也是曾经有母的，辩者的命题违反常识。沈有鼎说：

驹有母时当然不是孤驹。①

驹既然是孤驹，那当然是无母的，有母者即不能说是孤，所以"孤驹无母"表达了一个重言句，是必然为真的。所以，辩者论题的关键在于"未尝有"这几个字。由于凡驹皆为母所生，所以孤驹曾经是有母的，按常识的理解，"孤驹未尝有母"是不正确的。如果要将"孤驹未尝有母"理解为真，则必须将"未尝有"解释为"无"。

《墨子·经下》49说：

无不必待有，说在所谓。

《墨子·经说下》49说：

若无焉，则有之而后无。无天陷，则无之而无。

"无"不一定要有了之后消失才叫无，理由在于所说的是哪一种无。就像现在没有焉鸟（凤鸟），那是因为以前有过，后来灭绝了，而没有天塌下来这种事情，则是从来都不曾发生的"无"。墨家在这里区分了"无"的两重含义：一是无之而无，如无天陷；二是有之而后无，如"无凤鸟"，先有而后失去。辩者命题的问题在于混淆了两个不同的"无"概念，实质上将"未尝有"偷换成了"无"。

---

① 《沈有鼎文集》，人民出版社1992年版，第203页。

四　关于元素与集合、部分和整体、相对和绝对、个别与一般等问题

辩者“二十一事”中有6事都是关于元素与集合、部分和整体、相对与绝对、个别与一般等的问题，它们分别是2、18、3、13、14和17。

辩者第2事说：

> 鸡三足。

鸡有三只脚。《公孙龙子·通变论》说：

> 谓“鸡足”，一。数足，二。二而一故三。

鸡足这个类有左足和右足两个子类，再加上“鸡足”这个集合或者整体，共三“足”。辩者命题的问题在于，把不同类的东西进行相加，将集合概念和非集合的类概念混为一谈。

辩者第18事说：

> 黄马骊牛三。

《辞海》说：“马色纯黑者为骊。”骊牛即黑牛。辩者论题认为黄马加上骊牛的数量为三。具体来说，黄马是一，骊牛是一，加上黄马骊牛这个集合，其数为三。辩者该论题的问题，同样是把不同类的东西进行相加，混淆了集合和元素的不同逻辑层次。

墨家区分了兼名和体名，指出了集合和元素具有不同的性质。《墨子·经上》2说：

> 体，分于兼也。

兼指整体，体指部分。

《墨子·经下》67说：

> 牛马之非牛，与可之同，说在兼。

即认为“牛马”是兼名，相对而言，“牛”“马”是体名。《墨子·经说下》67说：

> 牛不二，马不二，而牛马二，牛不非牛，马不非马，而牛马非牛非马。

“牛”和“马”都是体名，“牛”不兼有“牛”和“马”两个元素，“马”也不兼有“牛”和“马”两个元素，但是，“牛马”却是一个兼名，它兼有“牛”和“马”两个元素。所以，牛是牛，马是马，但牛马不是牛也不是马。[①] 就辩者的论题来说，鸡左足和右足都是元素，“鸡足”则是集合；黄马和骊牛都是元素，“黄马骊牛”则是集合。集合概念和元素概念是不能混淆的。墨家关于兼名和体名的区分，彻底澄清了辩者命题中存在的诡辩问题。

辩者第3事说：

> 郢有天下。

郢，楚国都城，是楚国的一部分，而楚国是天下的一部分。但从另外一个角度看，也可以说郢有天下。因为如果楚君居郢而王，若能泛爱万物，则可兼爱天下。以楚之小，而支配天下之大，大者反而受制于小，说明小和大是相对的，小之中可以有大。[②]

《墨子·经下》56说：

---

① 参见杨武金《墨经逻辑研究》，中国社会科学出版社2004年版，第24页。

② 参见孙中原《中国逻辑史（先秦）》，中国人民大学出版社1987年版，第96—97页。

荆之大，其沈浅也，说在具。

《墨子·经说下》56说：

沈，荆之具也。则沈浅非荆浅也，若易五之一。

楚国大，而其沈县却很小，因为沈县为楚国所具有。沈县为楚国所领有，所以，沈县小并非楚国就小，前者为后者的五分之一。《墨子·小取》说：

居于国，则为居国，有一宅于国，而不为有国。

居住在某一国内，可以说住在某一国；有一住宅在某一国内，却不能说有某一国。"郢有天下"，只是说郢是天下的一个部分，而不能说郢拥有整个天下。辩者论题的问题在于，将存在不同含义的"有"混为一谈。

辩者第13事说：

矩不方，规不可以为圆。

用矩尺作不出真正的方，用圆规作不出真正的圆，因为总有其不完全地方和不完全地圆的情况。《墨子·法仪》说：

百工为方以矩，为圆以规。

各行各业的工匠用矩尺画方，用圆规画圆。《墨子·经上》60说：

方，柱隅四讙也。

《墨子·经说上》60 说：

> 矩见交也。

《墨子·经上》59 说：

> 圆，一中同长也。

《墨子·经说上》59 说：

> 圆，规写交也。

正方形的四条边和四个角都相等，用矩尺画相交线可得。圆就是由一个圆心到圆周上的任一半径都同样长的平面图形，用规画封闭曲线可得。《墨子·经说上》71 说：

> 意规员（圆），三也，俱可以为法。

圆的概念、圆规、圆自身这三者，都可以作为画圆的法（依据）。辩者论题的根本问题是，将通常的方概念偷换为“绝对的方”，将日常的圆概念偷换为“绝对的圆”。

辩者第 14 事说：

> 凿不围枘（ruì）。

凿指木之榫眼。枘指木之榫头。辩者认为榫眼与榫头二者不能完全吻合，有缝隙。通常人们加工榫眼榫头，力求吻合无缝隙，《考工记》说：

> 调其凿枘而合之。

《墨子·经说上》65 说：

> 间虚也者，两木之间，谓其无木者也。

所谓空隙，就是指两边都是木的中间，称其没有木的部分。榫眼与榫头之间可以是无缝隙的、无间的充盈状态。辩者论题的问题在于，将通常的吻合概念偷换为“绝对的吻合”。

辩者第 17 事说：

> 狗非犬。

认为狗不是犬。《墨子·经说下》35 说：

> 同则或谓之狗，其或谓之犬也。

所谓相同，比如：甲说“这是狗”，乙说“这是犬”。《墨子·经下》40 说：

> 知狗而自谓不知犬，过也，说在重。

《墨子·经说下》40 说：

> 智狗重智犬则过，不重则不过。

知道狗而又说不知道犬，这是错误的，理由在于狗和犬是“二名一实”的重同。如果知道狗和知道犬是相重合的，则说“知道狗不知道犬”是错误的；如果知道狗和知道犬不是相重合的，则说“知道狗不知道犬”不是错误的。《墨子·经下》54 说：

狗，犬也。而杀狗非杀犬也，（不）可。说在重。

《墨子·经说下》54说：

狗犬也，谓之杀犬，可。若两膭。

如果狗就是犬，那么说杀狗不是杀犬，就是不对的，理由在于它们是相重合的。“狗是犬”这个陈述是对的，所以，说“杀狗就是杀犬”就是对的，就像树上的两块木瘤。

总之，在墨家看来，如果狗和犬所指不同，则狗非犬就是成立的，但是如果狗和犬属于“二名一实”的重同情况，则“狗非犬”就是不正确的。《尔雅》说：“犬未成豪曰狗”，狗是小犬。那么，按照这种解释，则小犬非犬，这样来看的话，则辩者的论题则是割裂了个别与一般的关系。

五　关于可能性和现实性的问题

辩者“二十一事”中有6事都是关于可能性和现实性的问题，它们分别是1、4、6、5、19和12。

辩者第1事说：

卵有毛。

即卵是有毛的。通常来说，卵有生毛的可能性，否则，有毛的鸟从何而来？但辩者将可能性混同为现实性，认为卵本身就是有毛的。我们知道，卵孵化成长毛的鸟，但长毛的不是卵而是鸟，所以说鸟有毛而卵无毛。而且，如果因为卵能孵化成有毛的鸟，就说卵有毛，那样就会导致像“卵有牙”“卵有骨头”等奇辞怪说。①

---

① 参见叶锦明《悖论十七条》，载《摹物求比——沈有鼎及其治学之路》，社会科学文献出版社2000年版，第308页。

辩者第4事说：

> 犬可以为羊。

王先谦在《庄子集解》中说：

> 犬羊之名皆人所命，若先名犬为羊，则为羊矣。

名称在最初约定俗成时具有人为性。荀子说：

> 名无固宜，约之以命，约定俗成谓之宜，异于约则谓之不宜。(《荀子·正名》)

如果人们在命名之初，把犬和羊的名称互相交换也是可以的，不过，名称一旦约定俗成，再互相交换就会引起混乱。辩者的问题就在于，用名称在最初约定俗成时的人为性，来否定名称约定俗成之后的确定性。辩者的论题“犬可以为羊”，混淆了逻辑上的可能性和经验上的可能性。

辩者第6事说：

> 丁子有尾。

丁子即蛙，青蛙也是有尾巴的。无尾之蛙由有尾之蝌蚪发育而成。青蛙是蝌蚪的成年期，蝌蚪则是青蛙的幼年期。蝌蚪在成为青蛙之前是有尾巴的，但有尾巴的是蝌蚪却不是青蛙。

辩者第5事说：

> 马有卵。

马是胎生动物，但它在胚胎发育初期，同鸟类的卵差不多。

辩者第 19 事说：

> 白狗黑。

白狗的眼睛是黑色的。沈有鼎说：

> 称此狗为白狗，是因为它的毛是白的。它的眼球却确切是黑的，为什么不称它为黑狗呢？两种叫法，显然在逻辑上有同等理由，所以同等正确。①

但是，日常的用法并不只是出于逻辑的可能性，还要考虑有关的用法是否简单、方便等因素。如果因为狗的眼球是黑的就将有白毛的狗也称为黑狗，则便是歪曲了意义。②

辩者第 12 事说：

> 龟长于蛇。

一般情况是，龟短蛇长。但就特殊情况来说，一是可能大龟长于小蛇；二是龟形虽短而寿长，蛇形虽长而寿短。辩者的问题在于，将"龟长于蛇"的日常含义歪曲成了特殊含义。

辩者关于可能性和现实性的问题，墨家没有进行直接的回应，但是间接回应却是有的。《墨子·小取》说：

> 之马之目眇，则谓之马眇；之马之目大，而不谓之马大。

这匹马的眼睛瞎，可以说这匹马是瞎马；这匹马的眼睛大却

---

① 《沈有鼎文集》，人民出版社 1992 年版，第 209 页。

② 参见叶锦明《悖论十七条》，载《摹物求比——沈有鼎及其治学之路》，社会科学文献出版社 2000 年版，第 309 页。

不能说这匹马大。墨家对辩者的批评是以日常语言的约定俗成为基础的。所以，白狗是不能根据它的眼睛是黑色的而被称呼为黑狗的。犬也不可能因为名称在最初约定俗成时的人为性而在当下被称为羊。《墨子·经上》45说：

> 化，征易也。

《墨子·经说上》45说：

> 若蛙为鹑。

变化是事物根本性质的改变，就像青蛙变为鹌鹑那样。卵变为有毛的鸟，蝌蚪变成青蛙，其中的事物情况发生了根本性质的改变。卵生的鸟和胎生的马，龟和蛇，事物之间都存在着根本性质的不同。所以，卵有毛、丁子有尾、马有卵、龟长于蛇等命题，都是将事物的可能性混淆成了事物的现实性，将事物情况的特殊性混淆成了一般性。

附录四　佛教因明与逻辑①

因明（Hetuvidyā），就是明白理由的学问，明即学问、学说，因即理由、原因。在古代印度，因明与声明（语言文字学）、工巧明（工艺历算学）、医方明（医学）、内明（哲学或神学等）合称“五明”。因明导源于古印度的辩论术。约在公元1世纪，正理派（Nyāya）创始人乔答摩·足目（Aksāpa，Gautama）著《正理经》，对当时的辩论术进行总结和改造，提出了包括量论、论式和论过的逻辑思想体系。公元2世纪时，作为沙门的佛教大乘论师提倡解放思想，决定冲破小乘佛教僵死的戒条桎梏，向婆罗门学习世间一切有用的学问，他们在弄通《正理经》后，创立了自己的逻辑思想体系，并称之为因明。因明从汉代开始逐步传入中国。历史进入20世纪之后，随着西方逻辑在中国的传播和发展，因明和中国古代的名辩类似，它是不是逻辑的问题一直存在着争论。正如成中英先生指出：

> 自1919年的五四运动以来，中国思想是否有亚里士多德意义上的逻辑，如果没有的话则是否有其独特的逻辑，这是当代中国哲学中一个还没有得到解决的问题。②

这里，成中英先生所说的“中国思想是否有亚里士多德意义

---

① 作者曾于2018年5月28日以本部分内容在“北大因明论坛”上进行演讲。

② Chung-Ying Cheng，“Inquiries into Chinese Logic”，*Philosophy East and West*，Vol. 15，No. 3/4，1965，pp. 195 – 216.

上的逻辑”这个问题，类似于“印度思想是否有亚里士多德意义上的逻辑”的问题，迄今依然是学术界需要认真对待的问题。有学者认为，因明不是逻辑，但也有学者认为，因明完全可以划归为逻辑。① 本文通过考察因明的实际内容和逻辑的本质属性，认为因明与逻辑有共同性但也存在差别。

一　因明关于推理论证的研究

关于逻辑的研究对象，虽然存在各种说法，但从根本上说离不开研究推理或论证。美国逻辑学家皮尔士说：

> 关于逻辑的定义有一百个之多……一般可接受的说法是，逻辑的中心问题就是区分论证，即区分哪些论证好，哪些论证不好。②

即逻辑是关于推理或论证的科学。逻辑属于思维学科，人们的思维活动最主要的就是推理活动，也就是说当我们知道一些知识之后，就可以从已经知道的知识推论出新的知识来。已知的知识是前提（premises），新的知识是结论（conclusion），推理就是从前提得出结论的思维形式。逻辑要研究的就是从前提可以一般地推出怎样的结论，从前提得出结论在结构上是否正确有效？等等。

乔答摩·足目在《正理经》中，对前人的思想加以总结，提出了十六句义。这十六句义，包括量论、论式和论过三个方面。量论是关于知识（菩提 Buddhi）的来源或者获取知识的方法的理论，包括现量、言量、比量、喻量。现量是感性知识，相当于中国先秦时代墨家所说的亲知，言量即圣言量，相当于来自前人的正确认识，相当于墨家学派所说的闻知，而比量和喻量都是通过

① 参见张汉生《因明化归逻辑之辩》，载《因明》第 1 辑，甘肃人民出版社 2008 年版，第 84—85 页。

② Copi，I. M.，*Symbolic Logic*，New York：Macmillan Publishing Co.，Inc.，1979，pp. 1 – 2.

推理获得知识，相当于墨家学派所说的说知。论过是关于推理或论证过程中可能出现各种错误。在论式上，乔答摩·足目将当时的耆那教等所主张的十支论式，加以改造发展成五支论式，如下：

［宗］此山有火。
［因］此山有烟。
［喻］同喻：有烟也有火，如厨房；
　　　异喻：无火也无烟，如湖。
［合］此山有烟也有火，像厨房一样。
［结］此山有火。

“宗”（pratijñā）是结论；“结”（nigamana）是对结论的重申；“因”（hetu）是小前提；“喻”（udāharaṇa）是大前提；“合”（upamaya）是因和喻的整合。宗、因、喻、合、结，整个来看是一个论证整体，其中包含着推理。具体的推理结构是：

厨房有烟也有火；
此山的情况与厨房类似；
此山有烟；
因此，此山有火。

这一推理属于由果推因的类型。乔答摩·足目通过推理得来的知识包括三种：一是有前比量（pūrvavat），即由因推果，如见天有乌云推论大雨将至；二是有余比量（séṣavat），即由果推因，比如看到河水猛涨，流速，就可以推出在此之前曾下大雨；三是共见比量（sāmānyato dṛṣṭam），就是根据若干事物所具有的共同性质，从一事物推知另一事物。[①] 乔答摩·足目在印度逻辑学发展史上具有重要地位，正是由于他所使用的术语，使我们可以了

① 参见《中国大百科全书（哲学）》，中国大百科全书出版社 1985 年版，第 1108 页。

解正理论是如何从辩论术走向逻辑学的发展过程。[①]

佛教大师们在学习和研究正理论的基础上，对之加以改造创新，形成古因明的推理论。其中，弥勒（Maitreya）和无著（Asanga）将五支论式精简为三支论式。世亲（Vatsyayana）提出因三相，即根本法（宗法）、同类所摄、异类相离，来加强三支论式。公元5世纪，因明大师陈那（Dignaga），对三支论式和因三相进一步改造和发展，从而将古因明发展为新因明。陈那所提出的新的三支论式如下：

［宗］声是无常。
［因］所作性故。
［喻］同喻：若是所作，见彼无常，犹如瓶等；
　　　异喻：若是其常，见非所作，犹如空等。

与乔答摩·足目的五支论式相比较，陈那的三支论式减少了“合”和“结”，同时加强了“喻”的逻辑功能。其中所包括的推理情况是：

凡所作皆无常，声是所作，所以，声是无常。

这已经非常类似于亚里士多德的三段论了。不同的是，陈那的小前提和结论都是单称命题而非全称或特称命题。最为重要的是，亚里士多德的三段论是推理式，而陈那的推理是论证式，这是近代以来很多学者如梁启超[②]、章太炎[③]、沈有鼎[④]等都非常强调的。于是，陈那的推理需要证明大前提，即同喻体的真实性，

① 参见［英］亚瑟·柏林戴尔·凯思《印度逻辑和原子论——对正理派和胜论的一种解说》，宋立道译，中国社会科学出版社2006年版，第86页。

② 参见梁启超《墨经校释·读墨经余记》，载《饮冰室合集》第8卷，中华书局1989年版，第7页。

③ 参见《中国逻辑史资料选（近代卷）》，甘肃人民出版社1991年版，第287页。

④ 参见《沈有鼎文集》，人民出版社1992年版，第338页。

这就和亚里士多德的三段论存在差别了，因为亚里士多德三段论的前提仅仅是假设为真而已。

陈那的重要成就在于他明确了“因三相”理论。陈那所提出的“因三相”，也就是：中词必须存在于主词上，还应该存在于同类的事物中，不存在于异类的事物中。[①] 汉译通常就是：“遍是宗法性 paksa-dharmata”“同品定有性 sapakse sattvam”“异品遍无性 vipakse sattvam”。“遍是宗法性”，就是指因（中项）必须与宗之前陈（结论的主项）存在完全的共同关系或性质；“同品定有性”，就是指因与同品必须有共同的关系或性质；“异品遍无性”，就是指因与异品必须毫无共同之处。

> 实际上，因三相是用以构成可靠的推理根据的三个基本条件。[②]

也就是说，因三相是用来保证运用三支论式得出正确结论的逻辑规则。

在笔者看来，因三相的第一相“遍是宗法性”，即因法的性质遍及宗之前陈，相当于三段论第一格的逻辑规则“小前提必须肯定”；因三相的第二相和第三相都是为了保证大前提的真实性而已，相当于三段论第一格（MAP & SAM→SAP）的逻辑规则“大前提必须全称”，因为三段论第一格的小前提必须是肯定的，所以中项在小前提中不周延，所以中项在大前提中就必须周延，否则就会犯“中项两次不周延”的错误。因三相整个来说是为了保证推理的充足性的。事实上，因三相说的主要就是“因”即中项，它在整个三段论推理中起到桥梁和纽带的作用，是三段论得以成立的根本保证。陈那反复强调因宗的不相离性，反复用“说因宗所随，宗无因

---

① 参见［英］亚瑟·柏林戴尔·凯思《印度逻辑和原子论——对正理派和胜论的一种解说》，宋立道译，中国社会科学出版社 2006 年版，第 107 页。

② 参见《中国大百科全书（哲学）》，中国大百科全书出版社 1985 年版，第 1109 页。

不有”来阐明同、异喻体的逻辑结构，“说因宗所随”可以表示为“所有M都是P”，而“宗无因不有”则可以表示为“所有非P不是M”。[①] 唐玄奘法师将Hetuvidyā翻译为“因明”，其实就是充分认识到了陈那三支论式之所以能够成立的关键。

将新因明做进一步推进的是法称（Dharmakirti）。他认为比量论式的三支中，有宗和因——其实喻就包含在两者的关系中，就足以作出比量的推理了。[②] 因为因的逻辑范畴包含了喻的作用，喻体就完全可以借助因来显示，这样就使得喻依的形式失去了实际的逻辑意义，所以也就无须继续保留它了。于是，法称改陈那的三支论式为二支论式。

［宗］声是无常；

［因］所作性故。

法称的论式，相当于一个省略三段论，即“声是所作，所以，声是无常。”省略了“凡所作皆无常”（相当于因三相的第二相“同品定有性”，即因与同品必须有共同的关系或性质）。法称的《正理滴论》（*Nyāyabindu*）只有三品，而不像陈那的《集量论》（*Pramānasamuccaya*）那样分为六品（辨现量、讲比量、为他比量、谈因三相、驳斥声量之不可成立、讨论比量式的各支）。法称的三品分别为现量、为自比量和为他比量。在他看来，三支比量论式中，喻支并无真实地位，因为它是隐含在中词（因支）中的。在“此山有火，以见烟故，如厨”的比量式中，“烟”的中词已经包含“火”，也包含“厨房”及一切有烟之物，因此，作喻的事例根本是不必要的。[③]

---

① 参见张家龙《逻辑史论》，中国社会科学出版社2016年版，第577页。

② 参见［英］亚瑟·柏林戴尔·凯思《印度逻辑和原子论——对正理派和胜论的一种解说》，宋立道译，中国社会科学出版社2006年版，第129页。

③ 参见［英］亚瑟·柏林戴尔·凯思《印度逻辑和原子论——对正理派和胜论的一种解说》，宋立道译，中国社会科学出版社2006年版，第110—111页。

法称减去三支论式中的“喻”，意义非常重大，它意味着推理不需要证明大前提的真实性，只需要用因三相作为规则或假设就可以保证结论的成立，这样，因明的推理发展到法称，已经完全和亚里士多德意义上的逻辑一致了。

二 因明中的演绎和归纳

因明的推理从根本上来说是演绎的，这和日本学者桂绍隆主张因明从根本上是归纳性质的完全不同。他认为印度的逻辑学即使最发达的形式也基本属于“归纳的论证”，陈那和法称：

> 对印度逻辑学推理形式的规范化做出了巨大贡献，尽管这是不容置疑的事实，但是他们的论证归根结底仍是归纳性质的。①

笔者的看法正好相反，笔者认为因明的推理从根本上来看还是演绎的，和亚里士多德的三段论是相通的。

亚里士多德逻辑的推理不需要证明前提的真实性，而只需要假设前提为真的情况下，考虑结论是否能够被推导出来，因此，西方逻辑的演绎和归纳是分开来的。因明的推理不是在前提为真的假设条件下进行的，而是对其演绎推理的大前提的可靠性也要作出逻辑上的保证，因此，因明又必须充分地使用归纳推理来论证。

亚里士多德研究了推理的一般过程。他说：

> 推理是一种论证，其中有些东西被确定了，一些别的东西就必然地从它们发生。②

---

① ［日］桂绍隆：《印度人的逻辑学——从问答法到归纳法》，肖平、杨金萍译，宗教文化出版社 2011 年版，第 15 页。

② Edited by Jonathan Barnes, *The Complete Works of Aristotle*, Princeton University Press, 1984, p167.

“其中有些东西被确定了”，其实就是假设前提为真，“一些别的东西就必然地从它们发生”，就是保真性，即当前提为真时结论必然为真。

亚里士多德逻辑是一种形式的逻辑（formal logic）。它主要研究了三段论的推理形式以及相应的命题形式。推理形式或命题形式都是由变项和逻辑常项两个基本部分构成的。亚里士多德的三段论，比如，第一格的AAA式就是“如果A属于所有的B并且B属于所有的C，那么A属于所有的C”，其中的A、B、C等表示变项，“并且”“如果……那么”等表达逻辑常项。不过，亚里士多德仅仅使用了这两个逻辑常项，而并没有进行研究。他研究的逻辑常项是“属于所有的”（A）、“属于无一的”（E）、“属于有些”（I）、“不属于有些”（O）等。[①]（亚里士多德三段论也可以完全用符号表示为BAA & CAB →CAA或者MAP & SAM → SAP）。因此，亚里士多德逻辑不属于命题逻辑（命题逻辑把一个推理分析到它所包含的基本命题或原子命题为止，基本命题或原子命题是指不再包含别的命题的命题；反之，复合命题或分子命题包含别的命题）而属于词项逻辑（词项逻辑还需要将基本命题或原子命题进一步分析到词项）。主张三段论为谓词逻辑的观点不太准确[②]，因为谓词逻辑需要把基本命题或原子命题分析到其中包括的个体词和谓词等，而三段论则只是将直言命题分析为主项、谓项、联项等[③]。

亚里士多德三段论是从苏格拉底和柏拉图那里发展而来的。苏格拉底的助产术包括讥讽、助产、归纳和下定义。斯多葛学派重视前两个阶段，发展出命题逻辑，而柏拉图和亚里士多德则重视后两个阶段，发展出词项逻辑来。苏格拉底下定义的基本方法

---

① 参见杨武金《中西逻辑比较》，（台湾）《哲学与文化》2010年第8期。

② 参见郑堆主编《中国因明学史》，中国藏学出版社2017年版，第291页。

③ 参见苗力田主编《亚里士多德全集》第1卷，余纪元译，中国人民大学出版社1990年版，第84页。

就是通常所说的属加重种差定义法，其中的被定义概念和属之间是种属关系，下定义就是从种概念到属概念的过程。而柏拉图在此基础上进一步考察了从属到种的下降法，即演绎法。正是在苏格拉底和柏拉图工作的基础上，亚里士多德发展了三段论。[①] 亚里士多德三段论的核心是直言三段论，大前提、小前提和结论都是直言命题，也就是说主要处理用“是”或“非”做系动词所表达的判断句的推理问题。

在我看来，因明的“宗”“因”“喻”也都是或者都可以看作判断句，即直言命题。乔答摩·足目五支论式的“宗”和“因”都属于存在性的判断句，同喻“有烟也有火”可以看作一个充分条件的命题，即充分条件判断，因为其“异喻”断定“无火也无烟”，即火是烟的必要条件，这意味着烟是火的充分条件（逻辑上，当前件为后件的必要条件时后件也必定是前件的充分条件），也就是说，“异喻”相当于确定了“同喻”的喻体是一个充分条件的判断。这样，乔答摩·足目的五支论式，从根本上表达了一个充分条件的从肯定前件到肯定后件的假言推理：

［喻体］（大前提）（此山）有烟也有火；
［因］（小前提）此山有烟；
［宗］（结论）此山有火。

推理形式为充分条件假言推理的肯定前件式，可以表示为：$(p \to q)$ & $p \to q$。“［喻］”中举厨房做类比，也是为了说明喻体的真实性。

当然，也有观点认为，在乔答摩·足目的五支论式中，还看不到一般性的大前提，只能看到的是“厨房中既有烟也有火”的断定。

---

① 参见杨武金《中西逻辑比较》，（台湾）《哲学与文化》2010 年第 8 期。

> 因此，他们的比量推理仍然是从一个实例到另一个实例，属于约翰密勒氏所断定的那种从特殊到特殊的类比推理。①

于是，同喻体的断定为“有烟也有火”，异喻体的断定为“无火也无烟”，都只是断定了一个联言命题而非条件命题，同喻体和异喻体之间为逻辑上的反对关系而非等值关系，异喻体也就达不到强化同喻体为充分条件假言判断的作用。如果情况真是这样，则乔答摩·足目的五支论式从根本上还属于归纳性质，即从前提到结论的推出过程只能是“从特殊到特殊的类比推理”而已，只有到了因明大师那里，才逐渐发展出属于演绎的论式来。

在陈那之前，与他在时间上相去不远的大师们，都对不变共存性（比如有烟和有火之间的共存性，也就是陈那所特别看到的“因”）问题有很强的关注，即对论断当中的宗“主词”研究的深入程度，已经足以构造出对这套理论意义的精确表述。② 与陈那同时代的正理派代表人物普拉夏斯塔帕达（Prasastapada），致力于寻求理由及其结果之间的更广大的共存性。他认为，胜论派迦那陀（Kanada）所开列的那些实在关系只是举例说明这种关系的一部分，并没有要统统将它们列出的意思。他自己的理论很简单：从时间和空间两方面看，如果有某事物与另一事物总是不变地联系在一起，那我们就完全可以合法地认为，当我们面对两物之中任一物时，那另外的一方就必然也是存在的，因此，一个断定性的命题也就可以分析如下：有某人先已经认识到火与烟的联系，其命题形式为：

> 凡有烟处，必定有火；其无火处，必定无烟。

---

① ［英］亚瑟·柏林戴尔·凯思：《印度逻辑和原子论——对正理派和胜论的一种解说》，宋立道译，中国社会科学出版社 2006 年版，第 89 页。

② 参见［英］亚瑟·柏林戴尔·凯思《印度逻辑和原子论——对正理派和胜论的一种解说》，宋立道译，中国社会科学出版社 2006 年版，第 109 页。

而当他无疑地确定见到烟时，他就进而得出结论：有火存在。[①] 普拉夏斯塔帕达完全认同迦叶波（Kasyapa）主张的规则：

> 与大词相联系并在同类例证中存在又在异类例证中不存在的中词能够产生正确的结论。[②]

不过，在正理派那里，他们普遍还是认为不变共存关系的初始状态应当归功于陈那。[③]

陈那三支论式的“宗”和“因”自然是判断句，而其同喻“若是所作，见彼无常”显然属于充分条件假言命题，“异喻”更强化了这一点。但是要注意的是，陈那的三支论式在因三相的第二相“同品定有性”和“异品遍无性”的规定下，就意味着其“同喻”不是简单的实质蕴涵（只要不是前真而后假的充分条件命题即为真），而应该是形式蕴涵（在任何时候都不会是前真而后假的充分条件命题才为真）。也就是说，陈那的“同喻”在因三相的规定下，已经是一个已知为真的全称判断的直言命题了。从而意味着，陈那的三支论式已经和亚里士多德的三段论相通了，已经属于词项推理形式。陈那的三支论式用三段论的形式来表示就是：

> [同喻]（大前提）凡所作皆无常；
> [因]（小前提）声是所作；
> [宗]（结论）声是无常。

---

① 参见［英］亚瑟·柏林戴尔·凯思《印度逻辑和原子论——对正理派和胜论的一种解说》，宋立道译，中国社会科学出版社2006年版，第94页。

② ［英］亚瑟·柏林戴尔·凯思：《印度逻辑和原子论——对正理派和胜论的一种解说》，宋立道译，中国社会科学出版社2006年版，第95页。

③ 参见［英］亚瑟·柏林戴尔·凯思《印度逻辑和原子论——对正理派和胜论的一种解说》，宋立道译，中国社会科学出版社2006年版，第105页。

用公式表示就是：MAP & SaM →SaP。如前所述，与亚里士多德三段论不同的是，陈那的三支论式的小前提［因］和结论［宗］都是单称命题而不是全称命题，陈那的三支论式需要证明大前提［同喻体］的真实性，而且由于陈那用因三相来规定三支论式，从而他证明大前提［同喻体］的真实性的方式必然是归纳论证方式。

但是，由于有了因三相，陈那的推理也就已经不再是类比推理，而是以平等同类事例为典型事例归纳出大前提“凡所作皆无常”，再演绎“声是无常”的结论。陈那用因三相来规定三支论式具有重要意义。

> 陈那以前，古正理逻辑和古因明的论式都是用典型的具体推理来表现的，既不是用对象语言表达的推理形式，也不是用元语言表达的推理规则。而陈那则提出了用元语言表达的推理规则——因三相。这表明陈那的因明已开始脱离思维内容而进入严格意义下的形式逻辑。①

有了因三相，陈那的三支论式就可以看作用对象语言来表达的推理形式，而因三相则可以看作用元语言来表达的推理规则。

墨家的“三物逻辑”和陈那的三支论式十分类似。《墨子·大取》说：

> （夫辞）以故生，以理长，以类行也者。

所立之辞，相当于三段论的结论，因明的宗；“故”相当于三段论的小前提，因明的因；“理”相当于三段论的大前提，因明的同喻体。这里，可以来分析墨家“三物逻辑”的一个具体推理，这个推理体现在《墨子·非攻上》中：墨家的主张是非攻，

① 《中国大百科全书（哲学）》，中国大百科全书出版社 1985 年版，第 538 页。

即发动侵略战争是不应该的（辞，宗），因为发动侵略战争是不义的行为（故，因），而不义的行为都是不应该的（理，同喻体）。这是一个演绎推论。而墨家作出这个演绎推理之前，又进行了归纳推理，即入人园圃窃桃李是不义的，是不应该的行为；攘人犬豕鸡豚是不义的，是不应该的行为；入人栏厩取人牛马是不义的，是不应该的行为；杀不辜人脱其衣裘取其戈剑是不义的，是不应该的行为……因此，凡是不义的行为都是不应该的。墨家作出这样的归纳推理显然是为了论证其“三物逻辑”的大前提的真实性。墨子批评统治者“不知类”，“知小物而不知大物”，在这里说的就是，统治者不明白发动侵略战争属于不义的行为因而是不应该的，相当于不明白陈那因三相所言“遍是宗法性”“同品定有性”的道理，发动侵略战争和入人园圃窃桃李等行为属于同品，也就是同类，当然也就具有不义的性质，因而是不应该的行为。

法称将陈那的三支论式进一步精简为二支论式，省去喻的作用，直接靠因三相的规定来起作用，这也就省去了归纳论证的作用，从而使得法称的论式可以成为纯演绎的。不过，法称并未坚持非把喻支的形式从三支中除名不可。[①] 这就说明，和推理式不同，论证式逻辑离不开对推理前提的真实性要求。

因明论式和墨辩逻辑之所以从根本上来说是演绎的，主要在于它们和亚里士多德三段论一样，都是主张从前提到结论是一种“必然地得出”的关系。《墨子·经上》说：

> 故，所得而后成也。

《墨子·经说上》说：

> “大故，有之必然，无之必不然。”

---

① 参见《中国大百科全书（哲学）》，中国大百科全书出版社 1985 年版，第 1110 页。

理由（前提）就是指有了它，结论就能够必然地得出来的东西。因明论式中从因到宗的过程也是能够必然地得出来的。不过，墨辩是首先寻找必要条件的小故（有之不必然，无之必不然），然后有了众多的必要条件就能组成大故（充要条件），从而推出结论，即从“没有 p 就没有 q”过渡到“当且仅当 p 则 q”，当然充要条件也必然可以推出充分条件。冯友兰先生认为墨家漏掉了充分条件是有道理的，只是充要条件本身也包含了充分条件在内，不妨碍推理的成立，只不过要求过于严格，所以比西方逻辑和因明都要强。因明的推理是用异喻（无 q 则无 p）来保证同喻（若有 p 则有 q）中的判断是充分的，从而保证推理的必然性，足目的五支论式要求的是实质蕴涵成立即可，而陈那的三支论式则要求形式蕴涵也要成立，当然墨辩由于对“理”（大前提）进行了归纳论证而且要求故理类三物都要具备［“三物必具，然后（辞）足以生”］，所以墨辩的“三物论式”本身就是形式蕴涵。

日本学者桂绍隆认为因明从根本上说是归纳性质的，主要原因是他只看到异喻体和同喻体在逻辑上是等价式，而没有看到异喻体中由于大项是中项的必要条件，因而在同喻体中中项就是大项的充分条件，而且他又把喻依和喻体之间的关系看成比宗因喻之间的关系还要重要造成的。于是，他就用乌鸦悖论即确认悖论来说明异喻对于同喻来说不能起到必然的支持作用。[①] 乌鸦悖论即等值原则和确证原则之间存在着的矛盾。“所有乌鸦都是黑的”（相当于同喻体）这个判断等值于“所有非黑的都是非乌鸦”（相当于异喻体）。但是一只白手绢，肯定是非黑的，也是非乌鸦，因此，一只白手绢这个事实能够支持异喻体即支持“所有非黑的都是非乌鸦”这个判断，但一只白手绢在常识上并不能支持“所有乌鸦都是黑的”这个同喻体。这样一来，异喻依虽然能够支持异喻体，但并不能支持同喻体。不过，乌鸦悖论只能说明，

① 参见［日］桂绍隆《印度人的逻辑学——从问答法到归纳法》，肖平、杨金萍译，宗教文化出版社 2011 年版，第 215—216 页。

单纯依靠归纳不能证明必然性，但并不能影响异喻体强化同喻体为一个充分性的判断。

事实上，正理派创始人乔答摩·足目就已经开始认识到了推论过程中非常重要的不变并存关系（如烟和火的关系）了，认为当我们眼见境色时也就眼见其中的共相，而知道这种共相也就把握了这种共存关系，从而一旦我们见烟，便立即认识到火与它相联。而且，这并不是推导而知的过程，并非要证明或创造关于普遍共存关系的知识，而只是要排除疑惑，使人们对喻支的共存原理有所把握而摆脱不确定性。① 我们可以从正理派关于灵魂存在的一个论证中来看不变共存关系的作用。正理派主张灵魂是存在的［宗］，理由是如果灵魂不存在则自我意识就不存在［异喻］，而事实上自我意识是存在的［因］。②［同喻］是隐含的，可以补充出来就是：如果自我意识存在则灵魂存在。这是正理派关于有余比量即由果推因的一个例子。自我意识存在是果，灵魂存在是因，整个论证用的是反证法，推理类型是由果推因。补充出来的［同喻］所表达的就是不变共存关系。陈那在其三支论式中，虽然也还是用喻依来证明喻体的真实性，但事实上只需要通过因三相的规定就可以必然地得出其需要论证的论题，这样一来，陈那的三支论式其实也可以看作假设前提为真条件下的必然性推理了，而这个工作其实就是由法称来实现的。

因明究竟是演绎性质的还是归纳性质的？我们还可以结合培根的观点来看。培根不承认在演绎三段论中（中词）的作用，这和陈那强调因（中词）三相是三支论式成立的三个基本条件不同。培根认为，“寻求和发现真理只有两条道路。一条是从感觉和特殊事物来区别最普遍的公理，并把这些真理看成固定不变的真理，然后从这些原理出发，来进行判断和发现中间的公理；另

① 参见［英］亚瑟·柏林戴尔·凯思《印度逻辑和原子论——对正理派和胜论的一种解说》，宋立道译，中国社会科学出版社 2006 年版，第 118—119 页。

② 参见［英］亚瑟·柏林戴尔·凯思《印度逻辑和原子论——对正理派和胜论的一种解说》，宋立道译，中国社会科学出版社 2006 年版，第 91—92 页。

一条是从感觉与特殊事物把公理引申出来，然后不断地逐级上升，最后达到最普遍的公理”①。培根否定前一条亚里士多德所走的路而主张后一条道路。显然，因明论式更像是培根所批评的前一条道路而非培根所主张的后一条道路，即因明通过喻依的“特殊”来证明喻体这种“最普遍的公理”，并把它们当成“固定不变的真理”来判断和发现“中间的公理”，因明主要是要判断和发现具体的判断或具体的真理。因此看来，因明从根本上来说是演绎的。

三　因明以求真为目的

求真是因明的根本目的。日本学者桂绍隆主张因明从根本上是归纳性质的，笔者认为这是只看到因明论式中包含归纳论证而没有从因明的论证性质和论证目的来加以考虑的结果。在笔者看来，因明论式的根本目的在于求真。一些从事佛学研究的学者和佛教界的高僧主张因明不是逻辑，主要是因为他们认为因明在性质上是以实际辩论需要为据而建立起来的一种辩论学体系，但他们所说的“不是”主要是“不等于”的意思，并不是否定因明和逻辑的密切联系。② 事实上，因明和墨辩、西方逻辑一样，虽然都是首先作为辩论术发展起来的，但由于它们都是为真或真理做论证，即在辩论中取胜以追求真或真理为目的，所以，它们都应该属于逻辑的范畴。

弗雷格（现代逻辑之父）说：

> 就像“美”这个词为美学、“善”这个词为伦理学指引方向那样，“真”个词为逻辑指引方向。③

“真”是怎么为逻辑指引方向的呢？实际上说的就是逻辑的研究必须以真的探讨为根本方向。古希腊学者认为，求知是人的

---

① 参见马玉珂主编《西方逻辑史》，中国人民大学出版社1985年版，第226页。

② 参见郑堆主编《中国因明学史》，中国藏学出版社2017年版，第287页。

③ 《弗雷格哲学论著选辑》，王路译，王炳文校，商务印书馆1994年版，第113页。

本性；苏格拉底主张美德即关于美德的知识；培根主张知识就是力量；等等，这里的知识就是真或真理，即人关于这个世界的正确认识。墨辩所讲的“是”或“当”的知或知识（包括闻、说、亲、名、实、合、为七种知识的途径或种类），因明所讲的把握梵或谛从而获得解脱的“量”，等等，也都是因明大师们关于他们所思考的那个世界实相或者自相的正确认识。

乔答摩·足目把量也就是知识（菩提）的来源或获得知识的方法区分为现量、比量、喻量和言量四种情况。现量是人的五种外感官与外部事物或对象相接触而产生的知识或感觉。比量是以实在的知觉为根据所做的推理或者通过推理所获得的知识。喻量是引用正确的同法喻来论证命题，也就是借公认事物的共同性来推断待知的事物及所获得的知识。言量也就是声量，主要是指圣人和智者或经典的权威性言论，这些言论可作为推理的基本根据。

正理论的真理论，很类似亚里士多德的关于真的符合论的理论。亚里士多德说：

> 说非者是，是者非，则假；说是者是，非者非，则真。①

简单地说就是：如果说是者是，则“是者是”真；如果说是者非，则“是者非”假。即：当且仅当是者是时“是者是”真。或：“是者是”真当且仅当是者是。正理派则主张，一种感觉知识如果是真的，则其对象就应该真正地具备与现量命题所陈述的观念相符合的属性；一种推理知识（比量）如果是真的，则在其推理过程中就应该始终有某一主体活动于其间，而且这个主体应该真正具备那个在结论（宗）上被推导出来的属性。②

陈那把知识的来源和获取知识的方法主要分为现量和比量，

---

① Edited by Jonathan Barnes, *The Complete Works of Aristotle*, Princeton University Press, 1984, p. 1597.

② 参见［英］亚瑟·柏林戴尔·凯思《印度逻辑和原子论——对正理派和胜论的一种解说》，宋立道译，中国社会科学出版社 2006 年版，第 57 页。

废除了言量。陈那之所以废除言量或者圣言量，主要就是为了强调量即知识本身的正确性或真理性。陈那并未承认佛经或者佛教祖师的权威性，也不承认圣言的权威性，他认为知识仅仅来自其自身的真实性格。他在《集量论》一书中，否认圣言单独为量，即不承认它是独立的知识途径或工具。陈那指出，以圣言为量是出于什么原因呢？是说话人可信赖呢？还是他说出来的言论可以信赖呢？如果是前者，则是我们经过比量推定说话人可靠；如果是后者，则是现量所得。① 因此，量只有现量和比量，无须什么言量。

为了坚持真理，就必须修正错误。乔答摩·足目所总结出来的十六句义中的后四句，总共提出 54 种“过”，其中似因有 5 种（即不定、相违、论据相等、所立相同、过时语）、曲解有 3 种、例难有 24 种、堕负有 22 种。

陈那将正确的推理和不正确的推理分别称为真能立和似能立。真能立的推理必须能满足宗、因、喻三个支各自的要求。宗要求必须是论者按照自己的意愿而提出的论题，它必须有作为论据的因所支持，本身也没有矛盾；因要求必须是具备因三相的因，得到立敌双方所肯定；喻必须是能够与因密切配合并支持宗成立的判断或者命题。一个推理如果违背了其中的任何一个要求，就只能属于似能立的范围，分别是似宗、似因和似喻。似宗有 5 种情况，即自语相违、自教相违、世间相违、现量相违和比量相违。似因有 14 种情况，其中，“不成”有 4 种，包括两俱不成、随一不成、犹豫不成、所依不成；不定有 6 种情况，包括共不定、不共不定、同品一分转异品转、异品一分转同品转、俱品一分转、相违决定；相违有 4 种情况，包括法自相相违因、法差别相相违因、有法自相相违因、有法差别相违因。似喻有 10 种情况，其中包括：似同喻 5 种情况，即能立法不成、所立法不成、俱不成、无合、倒合；似异喻 5 种情况，即所立不遣、能立不遣、俱不遣、不离、倒离。关于反驳方面，陈那区分了两种情

① 参见［英］亚瑟·柏林戴尔·凯思《印度逻辑和原子论——对正理派和胜论的一种解说》，宋立道译，中国社会科学出版社 2006 年版，第 108 页。

况，即真能破（正确的反驳）和似能破（错误的反驳）。真能破这种情况要求正确指出论敌的逻辑错误，也就是要指出其似宗、似因、似喻。似能破这种情况则是要驳斥论敌的无理指责，即倒难。①

值得注意的是，因明论式在对“真”的论证上充满了大智慧。乔答摩·足目的五支论式，从表面上看似乎是为了论证“此山有火”等这样的宗即论题，其实，乔答摩·足目所提出的论式，是乔答摩·足目为了表达正理论的基本哲学观点而采用的逻辑方法。比如，乔答摩·足目所作出的另一个五支论式如下：

宗：声是无常。
因：声是所作。
喻：同喻——是所作也是无常，如碟等；
　　异喻：是有常也是非所作，如灵魂等。
合：声是所作也是无常，例如碟等。
结：故声是无常。

在乔答摩·足目看来，无常的“声”和恒常的灵魂是两个互相对立的实体。从表面上看，这个论式只是为了论证“声”或者“碟”的无常性而已，但实质上则是要借“声”或“碟”的无常性去反证灵魂的恒常性。

陈那的三支论式也是一样。表面上看，陈那似乎要论证“声”或“瓶”的无常性这个“宗”，但实际上却是要借“声”或“瓶”等的无常性来反证“空”的恒常性。

中国先秦的墨家把关于人们“行”或者“为”的知识（“志行，为也”）即实践知识看作最为重要的知识，因明大师们也是一样，他们论证知识的目的在于要求人们在道德上进行实践，并通过道德的践履来获得最终的解脱，从而通过悟空等实践活动以

① 参见《中国大百科全书（哲学）》，中国大百科全书出版社 1985 年版，第 1109 页。

求达到真正的“梵我一如”之境界。正如宋立道所言：

> 印度人的玄思，从一开始就是放在寻求人生的价值意义的，就是要评判生死的价值。他们眼中，并不存在纯粹理性思维活动的快乐与游戏。印度人绝不会赞同为思辨而思辨的取向。[①]

---

① 宋立道：《译者的话》，载［英］亚瑟·柏林戴尔·凯思《印度逻辑和原子论——对正理派和胜论的一种解说》，中国社会科学出版社2006年版，第3页。

主要参考文献

一　中文著作

（东汉）高诱撰：《战国策》，商务印书馆 1958 年版。

（清）郭庆藩撰：《庄子集释》，中华书局 1961 年版。

（清）焦循撰：《孟子正义》，中华书局 1987 年版。

（清）王先谦撰：《荀子集解》，中华书局 1988 年版。

（清）王先慎撰：《韩非子集解》，中华书局 1998 年版。

蔡曙山：《言语行为和语用逻辑》，中国社会科学出版社 1998 年版。

陈波：《悖论研究》，北京大学出版社 2014 年版。

陈波：《逻辑哲学》，北京大学出版社 2005 年版。

陈波：《逻辑哲学导论》，中国人民大学出版社 2000 年版。

陈波：《逻辑哲学研究》，中国人民大学出版社 2013 年版。

陈波：《逻辑哲学引论》，人民出版社 1991 年版。

陈宗明：《逻辑与语言表达》，上海人民出版社 1984 年版。

楚明锟主编：《逻辑学：正确思维与言语交际的基本工具》，河南大学出版社 2000 年版。

崔清田：《名学与辩学》，山西教育出版社 1997 年版。

［加］董毓：《批判性思维原理和方法——走向新的认知和实践》，高等教育出版社 2010 年版。

杜国平：《经典逻辑与非经典逻辑基础》，高等教育出版社 2006 年版。

冯友兰：《中国哲学史》，中华书局 1947 年版。

弓肇祥：《可能世界理论》，北京大学出版社 2003 年版。

弓肇祥：《真理理论——对西方真理理论历史地批判地考察》，社会科学文献出版社 1999 年版。

胡龙彪：《中世纪逻辑、语言与意义理论》，光明日报出版社 2009 年版。

胡适：《先秦名学史》，先秦名学史翻译组译，李匡武译校，学林出版社 1983 年版。

胡泽洪：《逻辑的哲学反思——逻辑哲学专题研究》，中央编译出版社 2004 年版。

胡泽洪、张家龙等：《逻辑哲学研究》，广东教育出版社 2013 年版。

黄华新等：《逻辑、语言与认知》，浙江大学出版社 2019 年版。

金岳霖主编：《形式逻辑》，人民出版社 1979 年版。

晋荣东：《逻辑何为——当代中国逻辑的现代性反思》，上海古籍出版社 2005 年版。

鞠实儿：《非巴斯卡概率归纳逻辑研究》，浙江人民出版社 1993 年版。

李匡武主编：《中国逻辑史》五卷本，甘肃人民出版社 1989 年版。

刘奋荣：《动态偏好逻辑》，科学出版社 2010 年版。

刘培育主编：《中国古代哲学精华》，甘肃人民出版社 1992 年版。

刘壮虎：《素朴集合论》，北京大学出版社 2001 年版。

《逻辑学》，中国人民大学出版社 2008 年版。

马玉珂主编：《西方逻辑史》，中国人民大学出版社 1985 年版。

庞朴：《公孙龙子研究》，中华书局 1979 年版。

《普通逻辑》，上海人民出版社 1986 年版。

钱穆：《中国思想史》，九州出版社 2012 年版。

《沈有鼎文集》，人民出版社 1992 年版。

宋文坚：《西方形式逻辑史》，中国社会科学出版社 1991 年版。

孙中原：《中国逻辑史（先秦）》，中国人民大学出版社 1987 年版。

孙中原：《中国逻辑学十讲》，中国人民大学出版社 2014 年版。

孙中原：《中国逻辑研究》，商务印书馆 2006 年版。

王路：《逻辑的观念》，商务印书馆 2000 年版。

王路：《逻辑与哲学》，人民出版社 2007 年版。

王路：《走进分析哲学》，生活·读书·新知三联书店 1999 年版。

王维贤、李先焜、陈宗明：《语言逻辑引论》，湖北教育出版社 1989 年版。

王宪钧：《数理逻辑引论》，北京大学出版社 1982 年版。

熊立文：《现代归纳逻辑的发展》，人民出版社 2004 年版。

杨武金：《辩证法的逻辑基础》，商务印书馆 2008 年版。

杨武金：《逻辑和批判性思维》，北京大学出版社 2007 年版。

杨武金：《墨经逻辑研究》，中国社会科学出版社 2004 年版。

杨武金主编：《逻辑思维能力训练》，中国人民大学出版社 2020 年版。

杨武金主编：《逻辑思维能力与素养》，中国人民大学出版社 2013 年版。

杨武金主编：《逻辑与批判性思维》，中国人民大学出版社 2020 年版。

杨武金主编：《逻辑学基础》，科学出版社 2008 年版。

杨熙龄：《奇异的循环——逻辑悖论探析》，辽宁人民出版社 1986 年版。

叶闯：《语言、意义、指称》，北京大学出版社 2010 年版。

曾祥云、刘志生：《中国名学——从符号学的观点看》，海风出版社 2000 年版。

张家龙：《从现代逻辑观点看亚里士多德的逻辑理论》，中国社会科学出版社 2016 年版。

张家龙：《逻辑史论》，中国社会科学出版社 2016 年版。

张家龙：《模态逻辑与哲学》，中国社会出版社 2003 年版。

张家龙：《数理逻辑发展史——从莱布尼茨到哥德尔》，社会科学文献出版社 1993 年版。

张家龙主编：《逻辑学思想史》，湖南教育出版社 2004 年版。

张建军：《当代逻辑哲学前沿问题研究》，人民出版社 2014 年版。

张建军：《科学的难题——悖论》，浙江科学技术出版社 1990 年版。

张建军：《逻辑悖论研究引论》，南京大学出版社 2002 年版。

张清宇：《弗协调逻辑》，中国社会出版社 2003 年版。

张清宇、郭世铭、李小五：《哲学逻辑研究》，社会科学文献出版社 1997 年版。

张清宇主编：《逻辑哲学九章》，江苏人民出版社 2004 年版。

张尚水：《数理逻辑导引》，中国社会科学出版社 1990 年版。

张志伟、冯俊、李秋零、欧阳谦：《西方哲学问题研究》，中国人民大学出版社 1999 年版。

张忠义：《因明蠡测》，人民出版社 2008 年版。

张忠义：《中国逻辑对“必然地得出”的研究》，人民日报出版社 2006 年版。

赵敦华：《西方哲学简史》，北京大学出版社 2001 年版。

赵总宽、陈慕泽、杨武金编著：《现代逻辑方法论》，中国人民大学出版社 1998 年版。

赵总宽主编：《逻辑学百年》，北京出版社 1999 年版。

郑堆主编：《中国因明学史》，中国藏学出版社 2017 年版。

郑训佐、靳永译注：《孟子译注》，山东出版集团、齐鲁书社 2009 年版。

《中国逻辑史资料选（近代卷）》，甘肃人民出版社 1991 年版。

周北海：《模态逻辑导论》，北京大学出版社 1997 年版。

周礼全：《模态逻辑引论》，上海人民出版社 1986 年版。

周礼全主编：《逻辑——正确思维和有效交际的理论》，人民出版社 1994 年版。

周云之：《名辩学论》，辽宁教育出版社 1996 年版。

周志荣：《真与意义的元语义学研究》，中国社会科学出版社 2015 年版。

邹崇理：《自然语言逻辑研究》，北京大学出版社 2000 年版。

二　中文译著

［美］A. P. 马蒂尼奇编：《语言哲学》，牟博等译，商务印书馆 1998 年版。

［美］爱因斯坦、［波］英费尔德：《物理学的进化》，周肇威译，科学技术出版社 1962 年版。

［古希腊］柏拉图：《柏拉图全集》第 1 卷，王晓朝译，人民出版社 2002 年版。

［美］保罗·贝纳塞拉夫、希拉里·普特南编：《数学哲学》，朱水林等译，商务印书馆 2003 年版。

［美］成中英：《皮尔斯和刘易斯的归纳理论》，杨武金译，中国人民大学出版社 2017 年版。

［英］迈克尔·达米特：《形而上学的逻辑基础》，任晓明、李国山译，中国人民大学出版社 2004 年版。

［美］马丁·戴维斯：《逻辑的引擎》，张卜天译，湖南科学技术出版社 2005 年版。

［德］弗雷格：《弗雷格哲学论著选辑》，王路译，王炳文校，商务印书馆 1994 年版。

［日］桂绍隆：《印度人的逻辑学——从问答法到归纳法》，肖平、杨金萍译，宗教文化出版社 2011 年版。

［英］格雷林:《哲学逻辑引论》，牟博译，中国社会科学出版社 1990 年版。

［美］侯世达:《哥德尔、艾舍尔、巴赫——集异璧之大成》，商务印书馆 1997 年版。

［英］苏珊·哈克:《逻辑哲学》，罗毅译，张家龙校，商务印书馆 2003 年版。

［美］索尔·克里普克:《命名与必然性》，梅文译，涂纪亮、朱水林校，上海译文出版社 2005 年版。

［英］亚瑟·伯林戴尔·凯思:《印度逻辑和原子论——对正理派和胜论的一种解说》，宋立道译，中国社会科学出版社 2006 年版。

［美］斯蒂芬·雷曼:《逻辑的力量》，杨武金译，中国人民大学出版社 2010 年版。

［波］卢卡西维茨:《亚里士多德的三段论》，李真、李先焜译，商务印书馆 1981 年版。

［英］斯蒂芬·里德:《对逻辑的思考——逻辑哲学导论》，李小五译，张家龙校，辽宁教育出版社 1998 年版。

［美］马蒂尼奇:《语言哲学》，牟博译，商务印书馆 1998 年版。

［英］约翰·穆勒:《穆勒名学》，严复译，商务印书馆 1981 年版。

苗力田主编:《亚里士多德全集》第 1 卷，秦典华、余纪元等译，中国人民大学出版社 1990 年版。

苗力田主编:《亚里士多德全集》第 7 卷，苗力田译，中国人民大学出版社 1993 年版。

［英］威廉·涅尔、玛莎·涅尔:《逻辑学的发展》，张家龙、洪汉鼎译，商务印书馆 1985 年版。

［美］普特南:《理性、真理与历史》，童世骏、李光程译，上海译文出版社 1997 年版。

［古希腊］色诺芬:《回忆苏格拉底》，吴永泉译，商务印书

馆 1984 年版。

［波］塔尔斯基：《逻辑与演绎科学方法论导论》，周礼全、吴允曾、晏成书译，商务印书馆 1980 年版。

［美］梯利著，伍德增补：《西方哲学史》，葛力译，商务印书馆 1995 年版。

涂纪亮、陈波主编：《蒯因著作集》第 3 卷，宋文淦译，中国人民大学出版社 2007 年版。

涂纪亮、陈波主编：《蒯因著作集》第 4 卷，陈启伟、江天骥、张家龙、宋文淦译，中国人民大学出版社 2007 年版。

涂纪亮、陈波主编：《蒯因著作集》第 5 卷，叶闯、江怡、孙伟平、费多益等译，中国人民大学出版社 2007 年版。

［奥］维特根斯坦：《逻辑哲学论》，贺绍甲译，商务印书馆 1962 年版。

［奥］维特根斯坦：《哲学研究》，李步楼译，商务印书馆 2000 年版。

［德］亨利希·肖尔兹：《简明逻辑史》，张家龙、吴可译，商务印书馆 1977 年版。

［德］希尔伯特、阿克曼：《数理逻辑基础》，莫绍揆译，科学出版社 1958 年版。

［英］休谟：《〈人性论〉概要》，载周晓亮《休谟哲学研究》附录一，人民出版社 1999 年版。

三　辞书

《不列颠百科全书》（国际中文版修订版）第 15 卷，中国大百科全书出版社 2007 年版。

《辞海（哲学分册）》，上海辞书出版社 1980 年版。

冯契主编：《哲学大辞典（逻辑学卷）》，上海辞书出版社 1988 年版。

胡国定等编著：《简明数学词典》，科学出版社 2000 年版。

《现代汉语词典》，商务印书馆 2005 年版。

许慎：《说文解字》，徐铉校订，王宏源新勘，社会科学文献出版社2006年版。

《中国大百科全书（哲学）》，中国大百科全书出版社1985年版。

四　论文

毕富生：《关于“逻辑真”的再思考》，《自然辩证法研究》第13卷，1997年增刊。

曹予生：《再论单独概念不能限制与划分》，《上海师范大学学报》（哲学社会科学版）1989年第1期。

陈波：《可能世界语义学及其哲学问题》，《社会科学战线》1990年第3期。

陈波：《专名和通名理论批判》，《中国社会科学》1989年第5期。

陈晓平：《真之统一多元论》，《科学技术哲学研究》2014年第2期。

陈晓平：《真之符合论与真之等同论辨析》，《哲学分析》2014年第1期。

陈晓平：《真之收缩论与真之膨胀论——从塔斯基的“真”理论谈起》，《哲学研究》2013年第12期。

冯艳：《20世纪自由逻辑的产生与发展》，《湖南科技大学学报》（社会科学版）2004年第4期。

桂起权：《次协调逻辑的悖论观》，《安徽大学学报》（哲学社会科学版）1992年第1期。

桂起权：《分析性理性要与辩证理性相结合》，《山东科技大学学报》2012年第2期。

江怡：《20世纪英美实在论哲学的主要特征及其历史地位》，《文史哲》2004年第3期。

鞠实儿：《逻辑学的问题与未来》，《中国社会科学》2006年第6期。

《逻辑哲学亟待廓清逻辑的本质》，《中国社会科学报》2014年3月26日。

刘叶涛：《现代名称理论的对立与融合》，《河北大学学报》（哲学社会科学版）2005年第3期。

马希：《浅析西欧中世纪哲学的唯名论与实在论之争》，《长春工业大学学报》（社会科学版）2012年第4期。

［美］牟博：《塔尔斯基、奎因和“去引号”之图式（T）》，《哲学译丛》2000年第4期。

聂海杰：《存在论视阈下康德哥白尼式革命及其困境》，《吉首大学学报》（社会科学版）2013年第5期。

沈跃春：《论悖论与诡辩》，《自然辩证法研究》1995年增刊。

王路：《如何理解“存在”?》《哲学研究》1997年第7期。

王巍：《真理论的新进展——最小主义及其批评》，《自然辩证法研究》2004年第2期。

吴诚：《集合概念之存废探究》，《重庆科技学院学报》（社会科学版）2017年第12期。

杨武金：《墨家逻辑与科学思维》，《河南社会科学》2020年第11期。

杨武金：《墨经的諄思想及其论证方法和原则》，《职大学报》2020年第3期。

杨武金：《从墨家观点看中国古代辩者悖论的实质》，《孔学堂》2019年第3期，中国人民大学复印报刊资料《逻辑》2020年第2期全文转载。

杨武金：《比较与诠释视野下的墨家逻辑思想探视》，《中国人民大学学报》2018年第6期，中国人民大学复印报刊资料《逻辑》2019年第1期全文转载。

杨武金：《从批判性思维的观点看公孙龙的白马论》，《江淮论坛》2018年第5期。

杨武金：《批判性思维刍议》，《河南社会科学》2016年第12

期，中国人民大学复印报刊资料《逻辑》2017 年第 1 期全文转载。

杨武金：《拒斥与接纳：墨家论悖及其解决方案》，《职大学报》2016 年第 6 期。

杨武金：《成中英关于墨家逻辑及中国古代逻辑思想的研究》，《职大学报》2016 年第 3 期。

杨武金：《论中国古代逻辑中的类名和私名》，《哲学家 2015—2016》，人民出版社 2016 年版。

杨武金：《中西逻辑比较》，台湾《哲学与文化》2010 年第 8 期。

杨武金：《再论墨家逻辑的合法性问题》，《职大学报》2009 年第 1 期。

杨武金、周志荣：《对逻辑中本体论承诺的反思》，《中国人民大学学报》2007 年第 3 期。

杨武金：《论悖论的实质、根源和解决方案》，《中国人民大学学报》2006 年第 2 期。

杨武金：《弗协调逻辑的理论意义和实践价值》，《中国人民大学学报》2005 年第 2 期。

杨武金：《弗协调逻辑及其哲学意义》，《哲学动态》2004 年增刊。

袁野、孙晔：《中世纪关于上帝存在的证明——理性与信仰》，《辽宁行政学院学报》2011 年第 7 期。

叶锦明：《悖论十七条》，载《摹物求比——沈有鼎及其治学之路》，社会科学文献出版社 2000 年版。

张汉生：《因明化归逻辑之辩》，《因明》第 1 辑，甘肃人民出版社 2008 年版。

张建军：《回归自然语言的语义学悖论——当代西方逻辑悖论研究主潮探析》，《哲学研究》1997 年第 5 期。

张力锋：《从可能到必然——贯穿普兰丁格本体论证明的逻辑之旅》，《学术月刊》2011 年第 9 期。

张万强：《〈墨经〉“以名举实”的名实观》，《职大学报》2013 年第 5 期。

孙艳芳：《公孙龙〈白马论〉中的逻辑与诡辩》，硕士学位论文，中国人民大学，2017 年。

五　外文文献

Adajian, T. , Lupher, T. , *Philosophy of Logic*: *5 Questions*, Automatic Press, 2016.

Arruda, A. I. , da Costa, N. C. A. and Chuaqui, R. , “A Survey of Paraconsistent Logic”, *Mathematical Logic in Latin America*, North-holland, 1980.

Barwise, J. and Etchenmendy, J. , *The Liar—An Essay on Truth and Circularity*, Oxford University Press, 1987.

Blackburn, S. , *Oxford Dictionary of Philosophy*, Shanghai: Shanghai Foreign Language Education Press, 2000.

Bogdan, R. J. , *Jaakko Hintikka*, Dordrecht: Reidel, 1987.

Chellas, B. , *Modal Logic*: *An Introduction*, Cambridge: Cambridge University Press, 1980.

Chung-Ying Cheng, “Inquiries into Classical Chinese Logic”, *Philosophy East and West*, Vol. 15. No. 3, 1965.

Copi, I. M. , *Symbolic Logic*, New York: Macmillan Publishing Co. , Inc. , 1979.

Davidson, D. , *Inquiries into truth and interpretation*, Oxford University Press, 1984.

Dumitriu, A. , *History of Logic*, Abacus Press, 1977.

Dummett, M. , *Truth And Other Enigmas*, Harvard University Press, 1978.

Dummett, M. , *The Logical Basis of Metaphysics*, Harvard University Press, 1991.

Ebbinghaus, H. D. , Flum, J. and Thomas, W. , *Mathematical*

Logic, New York: Springer-Verlag, 1984.

Frege, G., "Thought", Michael Beaney (ed.), *The Frege Reader*, Blackwell publisher, 1997.

Frege, G., "On Sinn and Bedeutung", Beaney, M. (ed.), *The Frege Reader*, 1997.

Fraser Chris, "'School of Names' in Stanford Encyclopedia of Philosophy", 2009, http://plato.standford.edu./entries/school-names/.

Gensler, H. J., *Introduction to Logic*, Oxon: Routledge, 2002.

Goodman, N., *Fact, Fiction and Forecast*, Massachusetts: Harvard University Press, 1983.

Grayling, A. C. (ed.), *An introduction to philosophical logic*, Oxford: Blackwell Press, 1997.

Haack, S., *Philosophy of Logics*, Oxford: Cambridge University of Press, 1978.

Hanmilton, A. G., *Logic for Mathematicians*, Cambridge: Cambridge University Press, 1978.

Hartshorne, C., Weiss, P., Burks, A. W., *The Collected Papers of Charles Sanders Peirce*, Vol. 2, Harvard University Press, 1931.

Horwich, P., *Truth*, Oxford University Press, 1999.

Jeffrey, R., *Formal Logic, Its Scope and Limits*, New York: McGraw-Hill Book Company, 1967.

Kahane, H., *Logic & Philosophy*, Belmont, California: A Division of Wadsworth, Inc., 1990.

Kamp, H. and Reyle, U., *From Discourse to Logic*, Dordrecht: Kluwer Academic Publishers, 1993.

Kripke, S. A., *Naming and Necessity*, Harvard University Press, 2001.

Layman, S. C., *The Power of Logic*, Mayfield Publishing Company, 1999.

Lewis, D. , *Counterfactuals*, Harvard University Press, 2001.

Lewis, D. , "Possible Worlds", Loux M. (ed.), *The Possible and the Actual: Readings in the Metaphysic of Modality*, Ithca: Cornell University Press, 1979.

Loux, M. (ed.), *The Possible and the Actual: Readings in the Metaphysic of Modality*, Ithca: Corness University Press, 1979.

Lynch, M. P. (ed.), *The nature of truth: classic and contemporary perspectives*, MIT Press, 2001.

Mill, J. S. , *System of Logic: Ratiocinative and Inductive: Being a Connected View of the Principles of Evidence and the Methods of Scientific Investigation*, London: Longmans Green and Co. LTD. of Paternoster Row, 1941.

Priest, G. , Routley, R. , Norman J. , *Paraconsistent Logic: Essays on the Inconsistent*, Philosophia Verlag, 1989.

Priest, G. , "The Logic of Paradox", *Journal of Philosophical Logic*, Vol. 8, 1979.

Putnam, H. , *Philosophy of Logic*, New York: Harper & Row, Publishers, Inc. , 1971.

Putnam, H. , *Realism with a human face*, Harvard University Press, 1992.

Read, S. , *Thinking about Logic*, Oxford: Oxford University Press, 1995.

Russell, B. , "On Denoting", *Mind*, New Series, Vol. 14, No. 56, 1905.

Shapiro, S. , *The Oxford Handbook of Philosophy of Mathematics and Logic*, New York: Oxford University Press, 2005.

Smullyan, R. , *First-Order Logic*, New York: Springer Verlag, 1968.

Strawson, P. F. "On referring" , *Mind*, Vol. 59, No. 235, 1950.

Strawson, P. F. , "Truth", Lynch, M. P. (ed.), *The nature of truth: classic and contemporary perspectives*, MIT Press, 2001.

Strawson, P. F., *Philosophical Logic*, Oxford: Oxford University Press, 1967.

Tarski, A., *Introduction to Logic and to the Methodology of the Deductive Science*, Oxford: Oxford University Press, 1941.

Tarski, A., *Logic*, *Semantics*, *Metamathematics*, Oxford: Oxford University Press, 1956.

Thomason, R. H., *Symbolic Logic: A Introduction*, New York: The Macmillan Company, 1970.

van Dalen, D., *Logic and Structure*, Berlin and New York: Springer-Verlag, 1983.

van Heijenoort, Jean (ed.), *From Frege to Godel: A Source Book in Mathematical Logic*, 1879 – 1931, Cambridge: Harvard University Press, 1967.

Welton, *Manual of Logic*, Vol. Ⅰ, London, 1896.

Whitehead, A. N. and Russell, B., *Principia Mathematica*, Vol. 1, Cambridge: Cambridge University Press, 1910.

Wujin, Yang, *A Study of Mohist Logic*, Royal Collins Publishing Group, Inc., 2017.

Zermelo, E., "Investigations in the Foundations of Set Theory I", Translated by Bauer-Mengelberg, S., in van Heijenoort, J. (ed.), *From Frege to Godël*, Harvard University Press, 1967.

后　记

本书选取了逻辑哲学领域中一些在我看来最为重要的问题进行考察和分析。逻辑哲学的研究，既牵涉对逻辑学领域中一些重要问题的把握，也涉及对这些问题进行哲学思考。逻辑哲学最终的研究目的，应该是为逻辑学的发展和逻辑学的历史研究提供基本线索。本研究正是为了这样的基本目的来进行的。

围绕这样一个基本目的，本书在绪论里探讨了逻辑哲学的研究对象和研究的范围问题。第一章探究了逻辑学的研究对象和范围。第二章探讨了演绎推理的有效性和充足性。第三章探讨了归纳推理的合理性与充足性。第四章探讨了真的问题。第五章探讨了悖论问题。第六章探讨了模态问题。第七章探讨了存在问题。第八章探究了名称理论问题。第九章探讨了集合概念和类的问题。其中，关于推理有效性问题的思考，关于相对支持概率问题的思考，关于整体和类之间的关系的思考，关于真问题的思考，关于悖论问题的思考等，最为出色。书的最后，将自己近年来结合逻辑哲学研究而开展的关于非形式逻辑和批判性思维以及中国逻辑史研究的四篇文章作为附录，以供读者参考。

本书最初是由我得到教授职称之后所申请到的一个科学研究项目，即在中国人民大学科学研究基金（中央高校基本科研业务费专项资金资助）项目“逻辑哲学若干重要问题研究”的资助下开始进行研究、写作的。不过，项目完成之后，本成果受到中国人民大学 2019 年度“中央高校建设世界一流大学（学科）和特色发展引导专业资金”资助并得以出版，在此我特别要对相关领导和负责人兢兢业业的工作态度和工作热情表示感谢和感激之情。本书虽然谈不上是十年磨一剑，但也是我经过长时间思考的一个作品。如果在认识上能够有所得，能够为读者提供某种参考，就算是我的工作没有白做。而书中所可能存在的谬误和瑕疵，欢迎读者加以指出。

在本书的写作过程中，我同时给本科生和研究生开设逻辑哲学或者逻辑学方法论这样的课程。将自己的研究与教学相结合是本书的一个重要特色。在教学过程中，许多学生对相关的逻辑哲学问题的研究给出过很多的意见，这些意见使得本书得以增色。比如，关于第二章“演绎及其有效性”、第三章“归纳及其充足性”，何新宇同学就提供了不少修改意见，增加了一些新的思考案例。关于第四章“逻辑研究真”，王垠丹同学提供了很多修改意见。关于第五章“悖论问题”，汪楠、周君等同学提供了一些修改意见。关于第六章“模态问题”部分，何新宇、杨春雨等同学提供了一些修改意见。关于第七章“存在问题”，曾丽娜、文豪、刘秋阳等同学提供了一些修改意见。第八章“名称问题”，王垠丹、黄禹迪等同学提供了一些意见。关于第九章“集合概念问题”，吴诚老师提供了一些修改意见。在此，谨向相关的老师和同学表示由衷的感谢！